东方卫视大型家装改造节目

梦想改造家 III

《梦想改造家》栏目组 编著

江苏凤凰科学技术出版社

序言

你以为这只是一个装修节目吗？

骆新

东方卫视 主持人

撰写这篇序言的时候，我正好在英国伦敦学习，而且已经居住了一个多月。

我喜欢伦敦，正是因为这里有太多老房子，而每一幢老房子里，都藏着各种引人入胜的故事。有趣的是，许多看似不起眼儿的建筑，只要外立面镶嵌了一个湖蓝色、圆形的金属牌，瞬间就能让你肃然起敬——那上面仅仅写着谁、在什么时间、曾经与这栋建筑的关系。譬如，我每天步行去上课的路上，就要与狄更斯、拜伦等人的印迹擦肩而过，某一天我去女王陛下剧院（Her Majesty Theater）看戏，到早了点，于是便在剧院旁边的酒店门口稍作休息，此刻抬头一看，只见酒店墙上也有这样的圆牌，赫然用英文写着"胡志明（1890-1969），现代越南的缔造者，1913 年在这家酒店当过服务生，此处就是他曾经站立迎宾的位置"……

今天，许多人喜欢"穿越"，我对此的理解是——人们渴望突破现实束缚的一种特殊表达。我们所谓的"看见祖先"，不过是另一种"认识自己"的过程罢了。我经常说"身体是灵魂的容器"，老房子实际上更像是一种社会精神的容器，国家兴衰、社会起伏和家庭悲欢，都由它默默地承载。皮之不存，毛将焉附？——没有了这些"容器"，风俗何存？文脉安在？

同济大学的阮仪三教授，是我的忘年交。这二十年来，阮先生倾尽全力、四处奔波，呼吁"刀下留城"，终于保住了平遥、丽江古城和包括周庄、同里、乌镇在内的"江南六镇"，使其没有被毁在"大拆大建"的时代。

有一次，阮先生对我说：为什么中国人总愿意讲"旧城改造"？

从语言学的角度上讲，这种提法充分暴露了国人的价值观："旧"是针对"新"而言的，在凡事崇尚"新"的人眼里，"旧"明显是被歧视的对象，而在某些城市主政者眼里，"改造"一词的肯綮之处，根本就不在"改"而全在"造"。换句话说，"旧城改造"就是彻底除旧换新，最好是把一切都拆了重来……众所周知，城市的魅力恰恰是基于历史赋予她的积淀，让居住在其中的人们，能有机会念及童年、回溯过往，这不正是老房子和老城市的可爱之处吗？就算它们是物，也是有人格的物。

阮先生说，我们不应该再谈什么"旧城改造"，而要郑重其事地改讲"古城复兴"。仅从字面上理解，"古"与"今"至少是一种平起平坐的关系，而"复兴"一词本身就是把"尊重历史"视为一切行动的前提，也展示了我们对"容身之物"的基本态度。

东方卫视的《梦想改造家》，迄今为止已播出三年了。

虽然这个节目，并不是针对城市的大规模改造，但是，面对每一个具体的住宅，也秉承了同样的使命——我们不仅希望通过这些改造来改善人们的生活，更希望能借助这个装修过程，保留人们对于家庭历史的记忆，同时，对每个人的生命、亲情、奋斗都能予以肯定。观众看到的每期节目中的人物，都会发现他们身上会有自己和家人的影子。

所以，《梦想改造家》看似主体是"房子"，实际上，故事核心永远是"人"。人才是目的，改造房子只是手段。

当然，装修时间都很漫长，这期间各种情况迭出，对于电视拍摄者来说，其难度自不待言；关键是每个房子的改造，我们都希望能符合"好创意"的最简单标准——"意料之外、情理之中"。

可能会超出了观众普遍的生活经验，《梦想改造家》所邀请的设计师，基本上都是建筑师，且富有善心、甘当志愿者。动用这些海内外知名的建筑师来完成家装项目，这几乎就等于"杀鸡用牛刀"，但若不如此，很多天才创意就无从谈起了，毕竟绝大多数房屋的改装，都属于"螺蛳壳里做道场"。这就必须要求设计师使出浑身解数，就像被誉为"空间魔术师"的史南桥等设计师，不仅要打破惯常的空间理念，甚至还要在时间思维上做足文章，包括在材料、装置方面，都必须有超前之举。

其实，这三年中，《梦想改造家》的设计师团队最能打动我的，还不完全在于设计本身的精妙，而是他们具有一种超越了"工具理性"的可贵的"价值理性"。

譬如第一季的第一期节目，在上海的市中心，设计师曾建龙曾改造一处类似"筒子楼"中的几世同居的老式住宅，他发现楼内居民，几十年来都是以占据楼道的方式各自烧饭，就提议：连带把公共空间全部改造。遗憾的是，由于节目组的改造经费有限，而这家的邻居们又大多持观望态度，不愿意集资改造公共走廊，于是，曾建龙一不做、二不休，自掏腰包，把这条走廊上原来四分五裂的各家做饭区域，全部装进了十数个"隔间式小厨房"；另外，在北京，针对一位高龄老人的老式平房的改造项目，设计师要为独居的老奶奶装抽水马桶时才发现，这条胡同的排污管网已经不具备这个功能，在装修预算已经用完的情况下，设计师也是自己承担所有费用，在胡同里铺设了一条长达百米的专用排污管，最终和胡同口的公共厕所相连，解决了老奶奶一辈子都没机会使用马桶的问题。当我们问他，连住户本人和她的儿子们都准备放弃这个"马桶方案"时，你为什么还要坚持。设计师的回答很简洁："我必须让老奶奶用上先进的如厕设施，因为这牵涉到人的尊严……"

很多人都问我："你们节目的每次装修，要花很多钱吗？"我总是回答道："当然要花钱，但我们的钱很有限，但这个节目之所以好看，我认为是因为这里面有太多的、比钱更值钱的东西。"

当然，在这里，我也不想避讳节目之外的某些"尴尬"。但那属于普遍的"人性之陋习"——我相信，人性是很难经得起检验的。

《梦想改造家》每次装修所遇到的最大麻烦，就是邻里矛盾。我并不想把这些问题全归咎于是资源稀缺的贫困所造成的，但是，必须承认，因为我们处于一个社会高度分化的转型期，由于个人与群体的权利边界模糊，许多中国人都存在着生存焦虑。一个家庭的改善，往往招致来的是嫉妒、不满，甚至是莫名其妙的愤怒和破坏。

邻居的各种不合作，不仅经常导致项目停工，还会使一些装修好的房屋陷入产权和相邻关系的法律纠纷。位于四川牛背山的"青年旅社"项目就是一个典型——历尽千辛万苦，李道德设计师极为出色的改造项目还没有来得及给村民带来福祉，就被"谁拥有这个房子的控制权"的矛盾搞成一团乱麻。

居民对于"公共空间"的不理解和不重视，也使得我们的设计师，每次出于好意、想方便邻居而改造某个公共区域的美好计划泡汤。我希望，这些问题仅仅是这个节目在成长过程中必须经历的磨难。这很像中国的现实环境，人们还没有彻底摆脱较低水平的生活条件，还没有机会能够通过集体协商的社群治理，学会如何谈判和妥协，所以，如何建立起一套机制有效地避免"公地悲剧"的发生，让人们在多次博弈中取得利益和内心的平衡，不仅是《梦想改造家》要探讨的方向，也是整个中国社会都要逐渐学习和摸索的过程。

我曾在东方卫视的另一档真人秀节目中，说了这样一句话："我们都希望人生能有一个完美的结局，如果现在你发现自己还不够完美，就说明这还不是结局。"

把这句话用在《梦想改造家》身上，也非常合适！

是为序。

前言

梦想 · 家

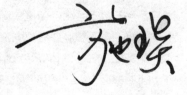

施琰

东方卫视 主持人

"人类因为梦想而伟大！"每当看到这句话，内心都会被莫名触动。

梦想有大有小，不论是要去拯救银河系，还是仅仅想拥有一张属于自己的床，同样值得尊重和祝福。因为，它是支撑你在黑暗中跋涉的光。

在主持《梦想改造家》的日子里，流了很多眼泪，更收获了满满的温暖和爱。有一位网友在微博上说："作为主持人，施琰能遇上《梦想改造家》真是一种幸运！"这也正是我想表达的。

上学时，老师总教育我们，再悲伤的故事，也要留一个光明的尾巴。2012年，导演吕克·贝松获得冬季达沃斯水晶奖，在发表获奖感言时，他说："九岁的女儿问我'这个世界会崩溃吗'？我说不会！我对她撒了谎……"

作为一位杰出的国际导演，这样绝望的表达或许和他艺术家的悲情主义情愫有关，但放眼世界，让人真心欢喜的消息有多少？屈指可数！所以，一个必须面对的现实就是：要寻找一个光明的尾巴并没有那么容易。

于是，从一开始，《梦想改造家》似乎就是带着使命而来！

在高楼林立的都市，在人迹罕至的荒野，在任何一个你不曾留意的空间，都有顽强的生命存在。他们或许活得平凡，却始终捍卫着自己寻找希望和尊严的权利。

于是带着梦想，他们与我们相遇了！

总是很喜欢以蝴蝶效应来举例：一只南美洲亚马孙河流域热带雨林中的蝴蝶，偶尔扇动了几下翅膀，在两周后，美国德克萨斯州就掀起了一场飓风。这一效应是在告诉我们，事物发展的结果，对初始条件具有极为敏感的依赖性，初始条件的极小偏差，都会引起结果的极大差异。而蝴蝶效应如果转化为我们最熟悉的一句话，那就是：莫以善小而不为，莫以恶小而为之。

《梦想改造家》做的似乎就是蝴蝶振翅的工作。那些被感动到流泪的人们、那些在我们节目中发现美好的人们、那些由看节目而生出愿望去帮助他人的人们……你们就是动力系统中的一环，一直连锁反应下去，我们的世界总有一天会变成美好的人间。

吕克·贝松在获奖感言的最后说道："有孩子的人都有愿望把这个世界变美好！"我虽然还没有孩子，但是有相同的愿望。

这是一个光明的尾巴，也是一个终将会实现的梦想！

目录

006　　缝缝补补的家
　　　　27 平方米妙改变四室一厅，组合柜打造"空间魔法"

028　　夹缝中的家
　　　　夹缝屋脱胎换骨变水晶宫，三代人蜗居被妙改

056　　记忆中的家
　　　　30 平方米老宅变三居养老房，防火保暖防滑智能一体化

082　　不想丢弃的家
　　　　34 年老房变四室两卫，"昏房"变婚房，小情侣圆梦

102　　落叶归根的家
　　　　140 多年老宅涅槃重生，大家族老屋再聚首

126　　胡同尽头的家
　　　　25 平方米天梯房变景观别墅，一堵墙难倒明星御用设计师

154　　一起走过的家
　　　　立体式空间改造，六层空中碉堡变别墅

缝缝补补的家

27平方米妙改变四室一厅，组合柜打造"空间魔法"

○ 房屋情况

● 地点：上海

● 房屋情况：27平方米一室一厅，
  一楼，老房房龄不详

● 业主情况：委托人王先生（单身男
  青年）、妈妈、外婆及出嫁的姐姐

● 业主请求：每个人都有独立的卧室、
  姐姐回家探亲有住的地方、妈妈能
  在家接活做缝纫工作

● 设计师：赖旭东

改造总花费：18.2 万元		
硬装花费	钢结构：1.5 万元	15.2 万元
	人工费：5.2 万元	
	材料费：8.5 万元	
软装花费	3 万元	
委托人承担 8 万元 节目组与爱心企业承担 10.2 万元		

委托人王先生一家，生活在上海市普陀区的一幢老式大楼里。这是父亲留下来的房子，最明亮的是进门处的厨房，仅有的两个房间采光都非常差，整个房间面积只有 27 平方米。自从父亲在十几年前过世后，母亲苏大妈就靠一台缝纫机给人缝缝补补，独自抚养大一双儿女、供养年迈的外婆。

现在王先生长大成人，希望母亲能有一个舒适的居住环境，并且不要再出门露天做工。

● 房屋
状况说明

王先生的家原本只有不到 27 平方米，从外到内，依次是淋浴间和厨房、卫生间、杂物间、外婆的卧室，以及客厅兼母子俩的房间。

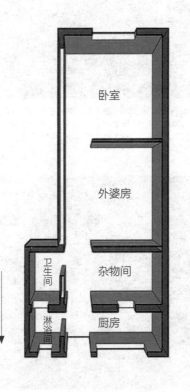

改造前　房屋北面门口

靠近门口的厨房和淋浴间是利用外阳台改建的。

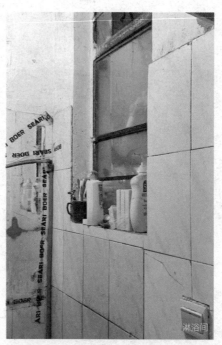

王先生家的房型像个狭长的火车车厢，仅在南北两面有窗。北面大门处的光透过小小的耳窗，十分微弱；南面的光则被墙层层隔断，根本无法透入。

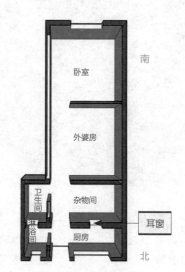

苏阿姨的缝纫机也在外婆屋内，缝纫时，会影响外婆休息。里面为苏阿姨母子的卧室

这个堆满了杂物的储藏间原本是家中的厨房，因为煤气表有轻微的泄漏煤气现象，这里一直闲置着没法住人

阁楼层高很低，空气流通差，只能堆放杂物

临街的淋浴间，处处透着杂乱

外婆虽然睡在离卫生间最近的房间，但家里杂物多、采光弱，老人常常被撞到

和苏阿姨房间相邻的阁楼

⦿ 老房体检报告

困扰业主的主要问题：

层高尴尬	●●●●○	设计师计划利用阁楼，但是现在层高只有 3.5m。人的直立高度至少需要 2m，很难兼顾每一层的合理利用。
采光不足	●●●●●	房屋狭长，只有南北两面有窗户，经过屋中层层阻隔，根本无法透入阳光。只能常年开灯，老人经常被磕碰。
隐私性不能保证	●●●●●	28 岁的王先生，和妈妈住一间屋，很不方便。已出嫁的姐姐有时候带孩子回来，三代四口人挤一间房内，更是没有任何隐私可言。
排水管道老化	●●●○○	厨房排水管道老化，经常渗漏，成为安全隐患。
煤气表漏气	●●○○○	煤气表挡在二楼夹层入口，且有轻微泄漏煤气现象。
厨房太小	●●●●○	厨房太小，冰箱、微波炉，甚至是电饭煲，都只能搁在卧室里，做一次饭要进进出出无数次。

业主希望解决的问题：

1. 每个家庭成员都有自己的独立空间。
2. 拥有明亮的采光。
3. 有妈妈可以在家缝纫的工作台。
4. 年迈的外婆能够活动方便。
5. 有方便使用的厨卫空间。

◐ 沟通与协调

沟通后的设计师建议:

1. 打造二层空间,增加居住面积

采用错高的方式,打造一个二层空间。二层是家里唯一的男性王先生的私人空间,一层的主要空间则留给家中的几位女性,方便活动。

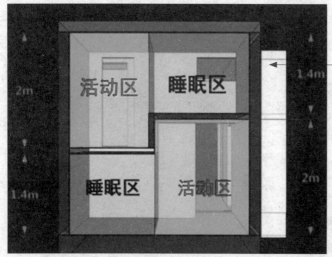

错高设计示意图

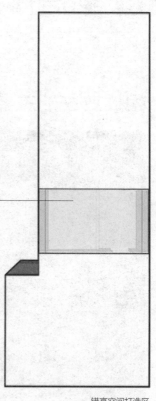

错高空间打造区

人的直立高度至少需要 2m,而在现有的层高条件下,为了保证每层正常通行和使用,设计师想到了错高。在房子中段,设计师利用钢结构做了错高的两个空间:睡眠区高度为 1.4m,活动区高度则为 2m,双向错开,保证上下使用都非常方便。

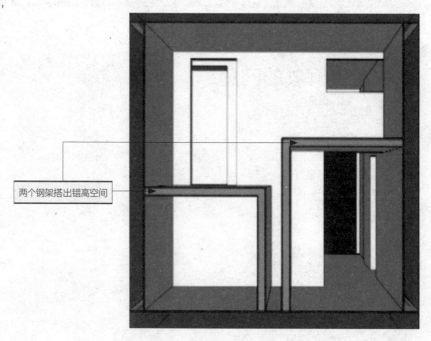

两个钢架搭出错高空间

为什么设计师一定要强调搭两个钢架呢？

原来，这个空间如果单纯用两个高度分隔的话，一种是下层卧室空间比较宽，势必造成一层外婆只拥有 1.4m 的层高，缺乏站立空间。

另外一种是下层卧室空间比较窄，但会造成二层王伟的睡眠区过宽，挤占原本不大的活动空间。

因此，只能单独焊制两个钢结构，并用较细的槽钢进行连接，连接部位上方为儿子的座位，下方则是外婆可以站立走动的空间，这样释放出来的 400mm 的宽度，增加了空间的舒适度。

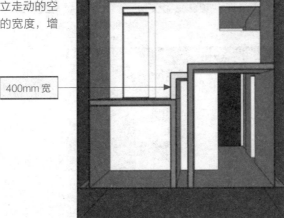

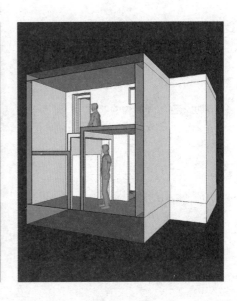

2. 整体功能区的打造

原本耳窗位置的通道打开后，形成了一个整
体功能区。紧邻厨房的操作台面，可以合理
安排冰箱和热水器。

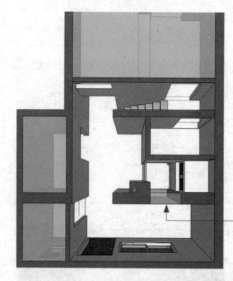

原本的耳窗，打通成通道

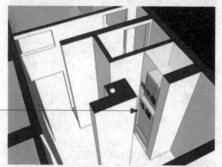

热水器和冰箱的放置位置

下层为一层的储藏空间

从厨房向内，上方是二楼的步入式衣帽间，
下方则规划为储藏空间，妈妈的缝纫机可以
在晚上推入这里收藏。

上层为二层的储藏空间

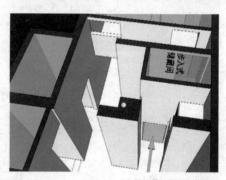

妈妈缝纫机的存放空间

走廊处与卫生间相对的部位，打造了一个
洗手台盆，形成了与浴室、卫生间的干湿
分离区。

3. 打造缝纫工作室

通过对厨房的复合式利用，改造出一个方便与外界交流的缝纫工作室。

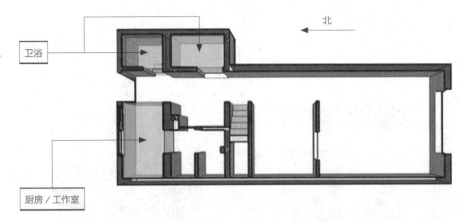

卫浴

北

厨房 / 工作室

设计师在厨房空间，利用特殊的气压装置，将缝纫机安装并隐藏在厨房柜体中，并对上面的台面进行复合式的利用。设计师利用高强度的板材对台面进行加固，并在下面覆以光滑的皮质材料，保证这个旋转工作台即使没有支撑也能安全耐久地使用。

可旋转台面

台面转开，拉出隐藏式缝纫机

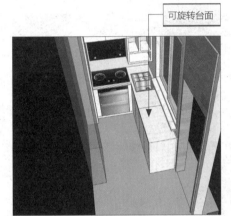

4. 扩展室外平台

为了解决采光和晾晒的问题，将朝南的采光面在安全范围内尽量打开、加固，并向室外挑出，形成了一个舒适的小平台。

5. 排水管道和煤气表改造

将王先生家的排水管道锯断并外接到室外的排污井中，解决了这个可能在后期带来麻烦的隐患。又经过协调，煤气公司上门帮忙更改了管道的走向，并彻底解决了煤气泄漏的问题。

更换新的排水管道

漏气的煤气表   更改煤气管道

6. 通风与采光

采光、通风、隔断成了一个相互关联的系统工程。为了保证良好的采光，外婆与王伟的房间都采用了大面积的调光玻璃窗。

玻璃透明模式   玻璃雾化模式

为了兼顾采光与私密性，特殊隔断的使用非常重要。

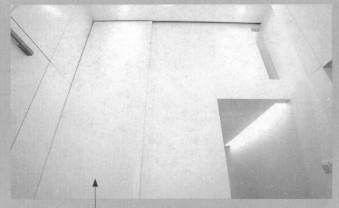

移动滑门在左，保证楼下女性空间的隐私

移动滑门居中，方便采光与通风

移动滑门在右边，形成与走廊外空间的隔断，保证空间的独立性

在保证私密性的同时，又如何让整个房间都有通风和空调送风呢？

设计师在房间安装了两台空调，共安排了五个出风口。当移门和窗子关闭时，母亲房间和客厅分别拥有自己的空调送风，而楼梯间的空调转换箱则能够将风同时送入儿子房、外婆房和厨房区域三个空间，保证使用的舒适度。

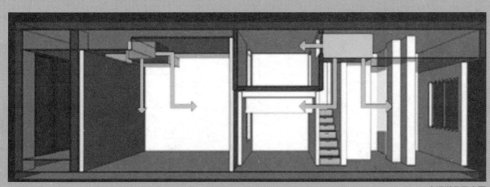

空调送风示意图

空调位置示意图

○ 设计小妙招

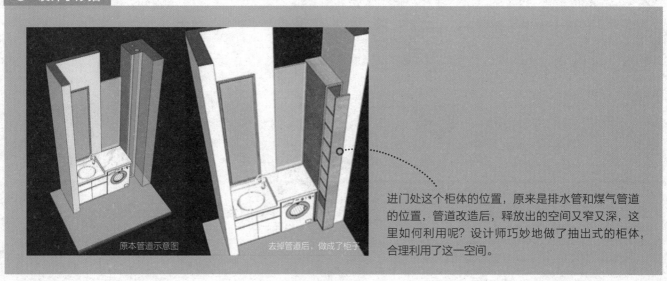

原本管道示意图 　　去掉管道后，做成了柜子

进门处这个柜体的位置，原来是排水管和煤气管道的位置，管道改造后，释放出的空间又窄又深，这里如何利用呢？设计师巧妙地做了抽出式的柜体，合理利用了这一空间。

北 ↑

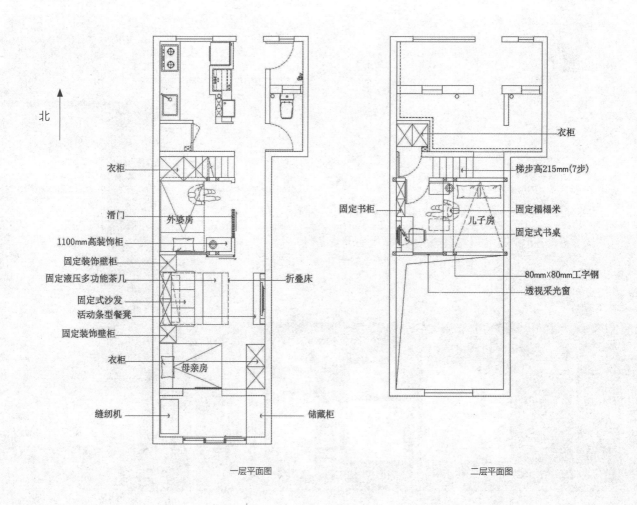

衣柜

滑门

外婆房

1100mm高装饰柜

固定装饰壁柜

固定液压多功能茶几

固定式沙发

活动条型餐凳

固定装饰壁柜

衣柜

母亲房

缝纫机

折叠床

储藏柜

一层平面图

固定书柜

梯步高215mm(7步)

固定榻榻米

儿子房

固定式书桌

80mm×80mm工字钢

透视采光窗

衣柜

二层平面图

◉ 改造成果分享

1. 厨房与入口

> 绿色调地砖的运用，让进门处的空间柔和温馨，更富有延伸的视觉效果

> 厨房台面调整到窗口，不仅更明亮，而且留出了通往储藏间的通道，厨电的布局也十分合理

2. 洗手池

洗手池作为半隔断，将整个区域进行了划分，上方的镜子与玻璃隔断既利于采光，又使整个空间看起来十分通透。

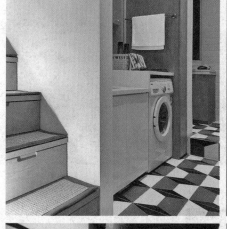

◉ 改造前后对比

改造前　　　　改造后

3. 卫浴空间

进门处的左边是独立的浴室，碳化木浴凳
和扶手的安装让老人和小孩使用都十分安
全。与浴室相隔的是独立的卫生间，保证
了干湿分离。

○ 改造前后对比

改造前

改造后

4. 外婆卧室

继续向前，一层是外婆的卧室，半透明的
纱门既保证隐私，又方便通风。

窗户为平推窗，方便通风和采光，也便于家人间交流。玻璃
为调光玻璃，有透明和雾化两种模式，兼顾采光和隐私性

扶手灯连接外婆屋
脚踏开关

推拉门

脚踏开关，踩下后
夜间灯光系统亮起，
方便外婆起夜

外婆屋外走廊

○ 改造前后对比

改造前

改造后

5. 儿子卧室

二楼则是儿子王先生的房间，不仅层高极
为舒适，还特别设置了可移动的茶几，方
便会客。从二楼望出去，是全家的客厅兼
母亲的卧室，调光玻璃的使用既可以保证
隐私，又方便透光。

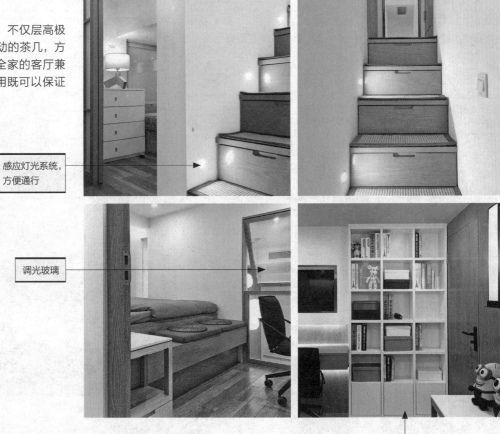

感应灯光系统，
方便通行

调光玻璃

门后的书架

可移动茶几

万向电视拉伸杆，可以满足多方位看电视的需求。

设计师演示电视拉伸杆使用方法

二层的储藏室

○ 改造前后对比

改造前

改造后

6. 母亲卧室兼多功能厅

这间全家最大的房间，拥有开阔的层高，可以利用活动移门挡住楼上的视线，或形成和走廊间的隔断，成为完全独立的房间。可升降餐台既是茶几，又是餐桌，满足了一家人平时聚在一起吃饭的需求。纱门隔断的安排，保证了母亲在休息时不受打扰。

母亲床边的门为推拉门

沙发后面是隐藏的床，解决了女儿回娘家时的居住问题

沙发的坐垫，也是床的靠背

可升降餐台，满足了一家人聚餐的需求。降到最低时，还可以作为下翻床放下后的支撑。

可移动条凳，即可当桌子，又可当聚餐时的座位

O 改造前后对比

改造前

对于小空间来说，收纳空间是最为重要的内容，既要隐蔽、节省空间，又关系着整体家居的美观度，因此整个房间柜体的设计尤为重要。

改造后

7. 室外平台

向外拓展的室内空间，不仅为整个房间引入了绿意，更为全家安排了一个合理的晾晒和休闲空间。

平台门为母亲房的窗户

设计师专门为小孩子制作的垫子，上面的图案为设计师亲手绘制的

从室外平台看向母亲房

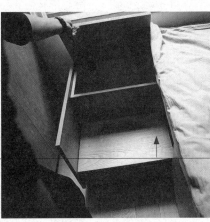

床下藏有推拉式台阶，通往室外平台。拉出来的台阶，兼具收纳功能

8. 收纳

整个空间完全由柜体构成，立柜、电视柜、榻榻米、楼梯台阶、储藏室，丰富的储藏空间，保证整个房子拥有充足的收纳系统，不再会为东西没处放而烦恼了。

外婆房的床体，可打开存放物品

儿子房的电视柜

母亲房的床体

楼梯台阶

母亲房衣柜

客厅柜子

9. 苏阿姨缝纫工作台

有了这个复合的厨房兼工作室，苏阿姨可以尽可能的在家工作，既兼顾了生计，也不会损害身体健康。

○ 设计师个人资料

赖旭东

高等教育室内设计专业副教授
中国建筑学会室内设计学会注册高级室内建筑师
中国建筑学会室内设计学会理事及重庆专业委员会副会长
中国建筑装饰协会设计委员会委员
亚太酒店设计协会常务理事
新加坡 WHD 联合国际设计公司西南区设计总监
重庆年代营创室内设计有限公司设计总监

以小搏大，才能实现设计的魅力。设计的初衷就是为大众服务，通过动脑、动手，维护人性的尊严。

赖旭东

夹缝中的家

夹缝屋脱胎换骨变水晶宫，
三代人蜗居被妙改

改造（两户）总花费：32 万元			
硬装花费	加固费：7 万元	26.5 万元	
	人工费：8.2 万元		
	材料费：11 万元		
软装花费	5.5 万元		
委托人承担 8 万元 节目组与爱心企业承担 24 万元			

○ 房屋 状况说明

项目位于上海市虹口区，是一栋被三面邻居围绕、在夹缝中求生存的老房子；这地块上的房子建于 1911 年辛亥革命之时，于 1916 年完工。委托人周先生的爷爷当时以两根金条的代价购买了此宅，成为第一位购买该地块房屋的业主，也是当时第一户配置了抽水马桶的住家。周家以卖糖果和水果为生，并且家境富裕，在鼎盛时期曾经同时住过十六七口人，也因此在新中国成立前对房屋做了几次增改以满足人口日益增加对空间的使用需求。

随着时代变迁，周家这个大家庭人口逐渐凋零，房屋也经过分割，周家也仅剩委托人周先生父亲和大伯共两个家庭在此居住。委托人家庭居住人口为老、中、青三代共 5 人，邻居为大伯家母子 2 人。房屋逐渐老旧、居住面积不足，从大伯过世后，两个家庭之间的矛盾逐渐爆发。周渊家改造过程中，几经周折，邻居反复阻挠，设计师 16 次修改方案，才得以改造成功。

弄堂底部房屋为委托人的家

1. 住宅为借助弄堂底部优势、 利用其他几栋楼的墙体搭建起来的

周家为弄堂的最后一家，他的爷爷利用这一优势，将原本的弄堂变成了自己的家。

这座房子的大部分墙体，其实都是周围邻居家的外墙。周家人只是搭了一面墙，让邻居的外墙变成了自己的内墙，非常简单地围成了这座房子。

屋顶俯瞰图，黄色部分为委托人家住宅

2. 房子面积小且不规则

这座房子一共三层，除了一层小小的卫生间外，周家真正的居住空间在楼上。二楼进门的 5 平方米是厨房兼餐厅；朝南的房间 7 平方米，是周先生夫妻俩的卧室；上到三楼，完全不规则的 16 平方米，是周先生父母的卧室和家里主要的储物空间。周先生家总共 32 平方米的空间，要容纳三代 5 口人居住，处处透着拥挤。

3. 没有采光，会漏雨的天井

这段看似走道的一楼，其实本来都是天井。由于多次改建，现在只保留了 1 平方米左右用于采光。在下雨的时候，会造成很大的困扰。其他人上厕所还可以迅速跑过，但腿脚不便的周渊，就必须在家里撑着伞，才能去上厕所。

天井漏下来的光

雨天周先生上卫生间要在妻子的搀扶下，打伞经过天井

一楼天井

天井半空中，布满电线、煤气管道等，露天的天井使得
这些管线日晒雨淋，存在安全隐患

周家一楼的卫生间

4. 又高又陡的楼梯

因为卫生间在一楼，全家都需要频繁使用这座楼梯。对于周先生来说，身患血友病的他一旦出血就会流血不止，不但每一次上下楼都需要付出正常人百倍的辛苦，而且每一步都有可能造成巨大的危险。

5. 利用到极限的餐厅

厨房和餐厅位于二楼，本来容纳三个人的空间就很狭小了，现在要坐四五个人。它除了是一个餐厅之外，还要具备厨房的功能，有时候孩子还可能在这里读书。除了厨房用品，这里还堆满了杂物，整个空间的利用率已经到了极度饱和的状态。

6. 岌岌可危的墙体

唯一属于周家自己盖起来的那面墙，问题最大。不能防风、防雨、隔音，在两栋楼的挤压下，通风采光都非常差，设计师断定，它的结构最多再能支撑五六年。

7. 睡在柜子里

周先生家只有两个卧室且都非常狭小。周先生的儿子，有时候跟周先生夫妇睡，周先生只能把床铺让给儿子，自己打地铺。孩子有时候跟爷爷奶奶睡，爷爷只能睡到柜子里。

周先生的儿子，只能在画纸上想象自己卧室的样子

儿子睡二楼的话，周先生只能打地铺

孩子睡三楼时，和奶奶睡床铺，爷爷只好把衣柜改造一下，做成床铺

二楼周先生的卧室

三楼周先生父母的卧室

8. 闷热的屋顶

三楼的屋顶没有瓦片，覆盖的是油毡。每到夏天，屋内温度都会比屋外高上几度，而且每到雨天，还会漏雨。

只用油毡覆盖的屋顶

9. 危险的晾衣架

晾衣杆要从三楼的窗户中伸出，搭到对面的角铁上，对于年迈的老两口来说，每次的晾晒都充满了危险。

10. 邻居要从家中穿过

这栋建筑只有一个楼梯，除了委托人一家外，他们的邻居出入也要通过这个楼梯。在二楼通往三楼的拐角处，还有一个门，这里住的就是委托人家的邻居，也是委托人的堂兄。在这栋房子里，邻居家拥有一楼的厨房和一间卫生间，并且必须穿过委托人家的厨房，才能回到自己家。

由于两家人生活轨迹的重合，经常发生一家在吃饭，另一家要路过倒马桶的局面。

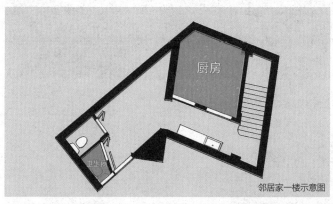

邻居家一楼示意图

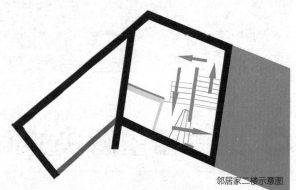

邻居家二楼示意图

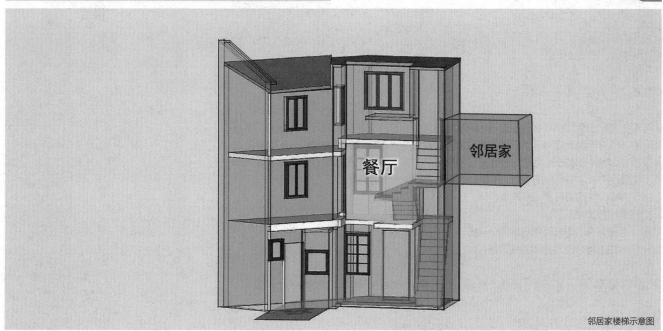

邻居家楼梯示意图

◉ 老房体检报告

困扰业主的主要问题：

露天天井	●●●●○	天井几乎没有采光；下雨天漏雨，导致上厕所困难。
楼梯又高又陡	●●●●●	从一楼到二楼的楼梯又高又陡，正常人上下都困难，周先生身患血友病，行动不便，但去卫生间必须上下这段楼梯，只能一个台阶一个台阶地爬行。
餐厅狭小	●●●●●	只有5平方米的空间，既要容纳五个人吃饭，又要做饭，还堆积了很多杂物，非常狭窄。
墙体有安全隐患	●●●●○	朝南的墙体是周家自己搭建的，不能隔音、隔热，下雨时还漏水，结构也不稳固。
卧室空间不够	●●●●●	三代五口人，只有两间狭小的卧室，周先生的儿子跟父母睡时，周先生只能打地铺，跟爷爷奶奶睡时，爷爷只能睡到柜子里。
油毡铺成的屋顶	●●●●○	三楼的屋顶没有瓦片，使用油毡铺上的顶面，闷热、漏雨。
晾衣方式很危险	●●●●○	周家晾衣服是用晾衣杆挑着衣服伸出窗外，把晾衣杆搭到对面的角铁上，每次晾衣服身体都要探出窗外，对于周先生的父母来说，非常危险。
厨房是邻居家的过道	●●●●●	周先生家不大的厨房，还是邻居家进出的必经之路。本来就不宽敞的地方，遇到邻居家进出，更显拥挤。经常出现周家在厨房吃饭，邻居家出门倒马桶的局面。

◉ 业主希望解决的问题

1. 增加卧室空间，有孩子的卧室。
2. 空间上和邻居家分开，不再相互打扰。
3. 改造楼梯，方便上下楼。
4. 改造屋顶。
5. 要有孩子学习的场所。

使用委托人家二楼厨房作为进出过道的邻居也姓周，邻居的父亲和委托人周先生的父亲是亲兄弟，但由于两家宿有矛盾，加上邻居家担心改造会影响自己的公共面积，不同意改造，导致2014年第一次改造失败，设计师王平仲无奈放弃。这次的遗憾深深地留在了设计师和《梦想改造家》节目组的心里，于是他们开始了长达一年的努力：
1. 修改方案，连同邻居家一起改造。
2. 同意增加邻居家面积。
3. 挨个说服邻居的母亲及邻居的几个兄妹。
4. 支付给邻居母亲改造期间的安置费。

经过多次沟通，邻居全家终于同意改造了，2015年，夹缝中的家第二次改造终于开始了。

◉ 沟通与协调

沟通后的设计师建议：

1. 拆除老旧墙体、加固墙面、抬高地面

将房屋内老旧、不堪使用的青砖墙和木楼板依次拆除，并以钢结构加固三面砖墙。将一层空间的地基垫高并做防水处理，抬高的地基除了防止雨水倒灌外，天井和屋顶的排水也可直接借由垫高的地基顺利排出室外。

2. 改造结构，两户分开

其实整个改造过程中，最难设计的不是委托户这一家，而是邻居家，因为必须要有一个走道，从一楼到二楼半。

为了让邻居可以走最短的路回家，而又不和委托人家的路线重合，设计师决定在有限的空间中，打造两个楼梯。一层入户门一分为二，将彼此纠缠的两户空间从入口大门处便彻底切割分离。

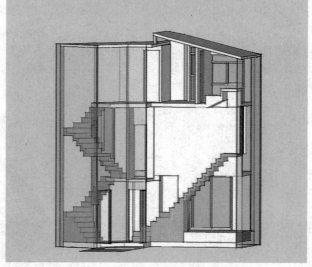

但是这个方案在入口处，就遇到了瓶颈。因为房子本身是在公共过道的基础上搭建的，周围人家的水、电、煤气，各式管道几乎都从周家穿过，要重做结构，不但困难而且危险。

在周围邻里的配合下，设计师请煤气公司把整个巷弄中的煤气管道都进行了重排，两家分户的方案，得以实现。

门前复杂的管道

两户人家从一楼入口处就被彻底分开。

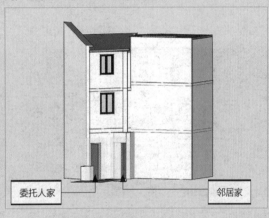

东门进去的一楼整体空间，属于邻居。

邻居家通过新的楼梯，一楼与二楼半的房间连为整体，再也不用穿过别人家才能回家了。

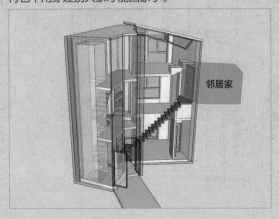

委托人周先生一家人从西门进出，在看起来已经被楼梯占满的一楼，设计师利用楼梯下方的空间，变出了一个厨房。

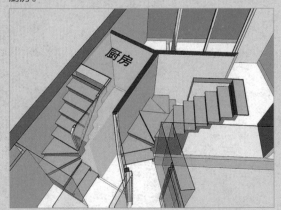

3.重新规划房屋布局，安装电梯

设计师特意咨询了权威的医生，了解业主周先生的病情，医生介绍，这种病是不可治愈的，只能想办法改善病人的生活环境，减少受伤害的概率。除了装修中不用紫色、红色等血友病人忌讳的颜色外，考虑到周先生家必须上下楼的情况，设计师决定在周家安装电梯。同时移动天井，增开侧窗、天窗改善屋内的采光。

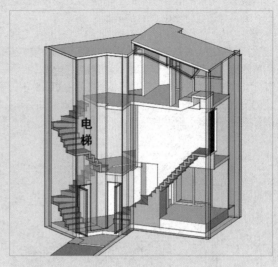

○ 插曲：设计师原计划让楼梯绕着电梯走，这样所有的动线都集中在同一个地方，提高空间的利用率。

但理想很快被现实打碎了。楼梯围绕电梯的方案，留给电梯的尺寸宽度只有 70cm，而电梯井至少需要 1m 的宽度，30cm 的差距，意味着方案无法实现。

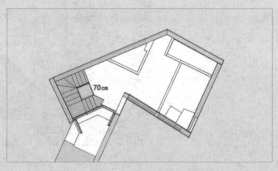

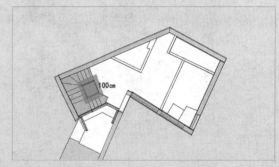

而施工现场也出现了现实与图纸尺寸不符的情况，虽然设计团队对房子进行过反复的测量，但是由于房型太过复杂，现实中房子的东侧，整体与设计图的倾斜角度相差很大；加上西侧电梯尺寸不符的问题，一个已经构思成熟的设计，必须要被彻底推翻。

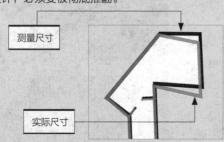

测量尺寸

实际尺寸

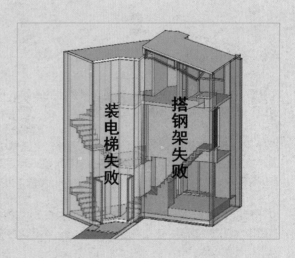

时间紧迫，设计团队连夜修改方案，施工现场边改图边施工，终于在一场暴雨来临前搭好了钢结构。

经过反复修改，设计师终于为电梯找到了合适的位置。从纵向看，周家的房子被分为了三个区域：西侧集中了电梯、楼梯，作为通道部分；中段一楼是厨房、二楼三楼都是卫生间，属于厨卫部分；东侧的两层楼，则都作为居住的空间。比较改造前的布局，现在的布局结构更有规划、更为合理。

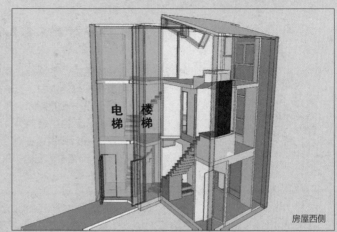
房屋西侧

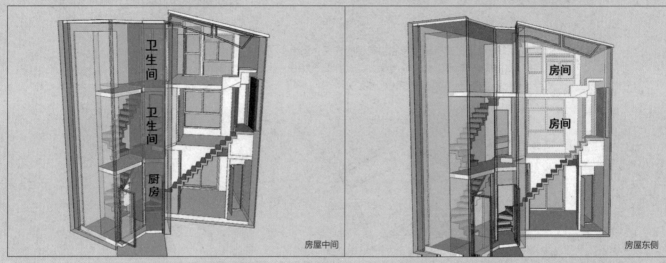
房屋中间　　房屋东侧

4. 改造屋顶

本来设计师设置了排水天沟，方便连同邻居屋顶的水一起排掉，但由于邻居的阻挠，只能放弃。

设计师用夹心彩钢板做了屋顶，内含保温棉，上面做防水处理，同时铺油毛毡瓦，这样可以确保房子在隔音、隔热等方面都达到最好的效果。

设计师还为房子设计了排水系统，屋顶的最低处、天井的一楼，都由排水管直接相连，这些隐蔽的水管，将一举解决房子原本的积水、漏水问题。

铺设屋顶

一楼的排水管

5. 改善采光和通风

将原本只有在建筑正立面的一面微弱采光改造成四向度的采光，
分别为正立面的整面玻璃墙、三层局部屋顶改为玻璃天窗，利用
斜屋顶和平屋顶之间的缝隙产生的一片采光窗，天井经过计算太
阳轨迹和光照时间后移位至最科学合理的采光点，使得一至三层
的室内空间获得最大的自然光照，天井的移位也使得房屋产生了
南北向通风对流。

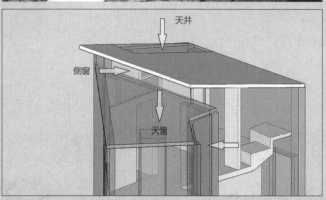

天井由南面移到北面；增加大面积天窗；利用两个建
筑的高度差，增加侧窗。侧窗为小孩卧室增加了采光点

6. 室内使用轻薄、环保材料

为了把每一寸空间都尽量省下，设计师使用了 106 块陶板，在地
面、墙面直接铺设。

陶板大面积的铺设不会留缝，不容易滋生细菌，方便做清洁，最
重要的是它的厚度只有 0.4cm，铺装完成之后，它的完成面只有
1cm 的厚度。

⊙ 改造成果分享

到这时，所有的设计方案才算最终完成，而为这
个房子画的设计图，已经达到了16稿。

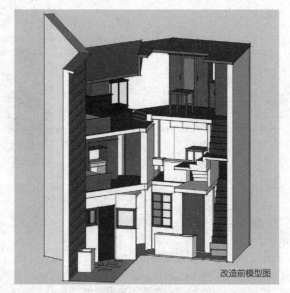

改造前模型图

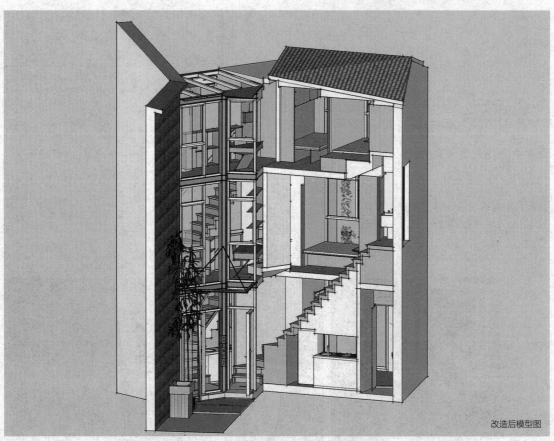

改造后模型图

○ 改造前后对比

1. 外观

原来的外墙拆除，换成了大片的玻璃门窗，晶莹透亮犹如水晶宫殿。

改造前外观

木作门牌框：利用老木板将两户共有的周
家门牌重新打造并镶嵌于两户大门之间，
象征着周家人和老建筑之间的关系。

改造后外观

改造后外观夜景

夹缝中的灯：是设计师为这个夹缝中的家
设计的一系列灯具，用原来的老木地板加
树脂工艺，纯手工制作。共有三款，这是
其中的一款门铃灯

改造后外观夜景

2. 一楼

百年的青砖终于露出了原貌，玻璃的大量运用，让阳光充分进入原本阴暗的巷道，连老木材也泛出了温柔的岁月光彩。浅浅的蓝色，降低了空间的局促感，映着蓝天白云，一扫过去的阴霾。

一楼的厨房利用了楼梯下方的空间，有效隔离了油烟

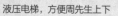

液压电梯，方便周先生上下

电梯和楼梯成了最好的景观。穿过 1911 年的古老砖墙，仿佛时光隧道，连接了过去和现在。

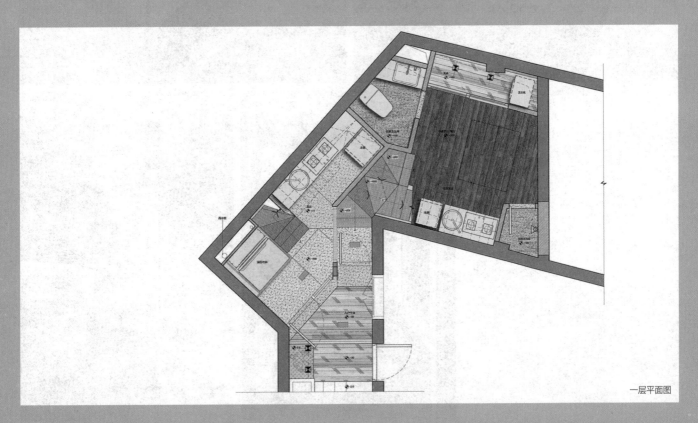

一层平面图

3. 二楼

二层的走道拐角成了爷爷的书房。增加的卫生间，让周家人再也不用下楼上厕所了。

"夹缝中的灯" 系列之一 ——台灯

设计师特意为周老先生设计了多功能工作椅。老先生平时喜欢动手做些木作活和维修家里的设备，多功能工作椅除了可以提供舒适、柔软的工作座位外，内嵌活动隔层可储藏小工具，下方可置放大型工具。活动椅下方设置小滚轮方便移动，椅背折叠后还可作为矮凳使用。

二楼卫生间

设计师将周渊儿子创作的画 ——"梦想中的家"做成了木雕画,挂在了餐厅的墙上。希望周家人相聚用餐的时候,看到这幅画,能体会到梦想成真的幸福。

二楼多功能厅,既可以是卧室,也可以是客厅、餐厅。

电视背景墙后面,就是邻居家的楼梯,设计师在两户之间的隔墙上镶嵌了实心哑光玻璃砖,双方透过实心哑光玻璃砖透出的微弱光线彼此能感知对方的存在。设计师希望在时间和距离的帮助下,能逐渐让周家两户人家重拾往日情感。

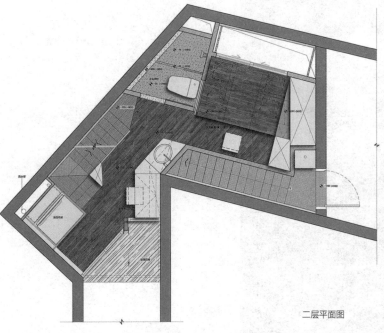

二层平面图

窗外是天井，可以晾晒衣服。告别了以前危险的晾衣方式。

窗外的晾衣架

4. 三楼

这里同样也拥有卫生间，阳光房的设计为周先生提供了一个舒适的书房。两个分隔开的房间，因为新的天井而拥有良好的通风和采光。天井贯通一到三楼，光滑的陶板还起到了反射光线的作用，整个家，再也没有一处阴暗之地。

"夹缝中的灯"系列之一 ——吊灯

周先生的工作摇椅，作为男主人平时在家当SOHO族开网店或处理财务工作的椅子，被设计成工作和休息两用的多功能椅，让患有血友病的男主人在工作时间不至于太过劳累

三楼照片墙   三楼书房

屋顶遮阳帘可以按需求打开或合上，灵活调整光线

三楼卫生间

周先生儿子的房间

儿童多功能椅，除了供正常读书、写作业使用外，椅子下方还是储物柜，可以收纳小孩的玩具和随身用品，储物柜也可单独置放于房间任何角落

卧室模式

小孩卧室打造的可变家具，结合了衣柜、书桌、书架和床铺的多功能，节约了空间。家具采用了国内品质最顶尖的五金件，小孩可轻松地随时变换读书和睡眠模式，同时保障小孩在使用可变家具时的安全。

设计师将周先生儿子的儿童画制作成了一幅剪纸画，希望向一位从来没有拥有过自己卧室的小朋友传达"人生有梦最美"的理念，这充满缤纷颜色的剪纸画挂在了最后完工的小孩房的墙上。

周先生夫妇的卧室

将老屋的旧木地板旧物利用作为主人房的
装饰墙，装置于整栋房屋改造设计的最后
一个空间，作为整个设计的收尾。

从三楼俯瞰天井

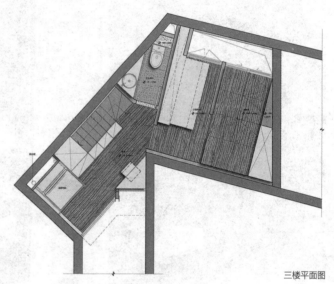

三楼平面图

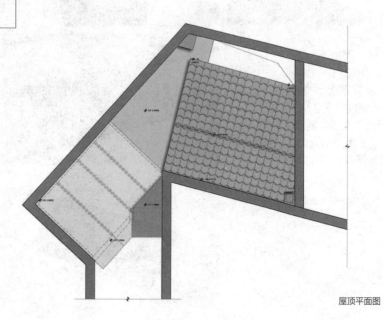

屋顶平面图

5. 特制装饰

这栋老房子以前的主要材质是青砖和木材，设计师为了保留老房子的回忆，利用以前的旧材料手工制作了一系列特制装饰。

设计师手工制作的三款"夹缝中的灯"。一款为门铃灯，镶嵌在了大门口两户之间的工字钢结构中，象征着不论经历多少时间的流逝、房屋如何再改造，两户人家永远都是一家人；一款为台灯，放在了爷爷的书桌旁；一款为吊灯，装饰在了周先生工作台的上方。

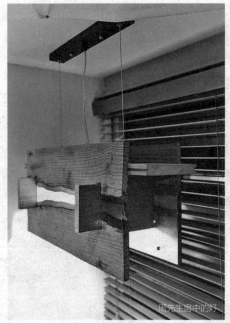

周先生房中的灯

大门口的灯

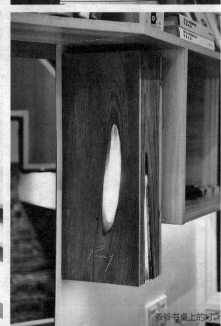

爷爷书桌上的灯

设计师手工雕刻了三块老青砖，一块"1911"雕刻砖镶嵌于一层入户平台上，标识了建筑和周家的起源，两块"2015"雕刻砖分别镶嵌于两户的入口玄关地面上，标识了改造后新周家的开始。

青砖盆景置于周老先生工作台面上，除了欣赏盆景之美，也不忘周家历史

6. 邻居家一楼

邻居的楼梯采用了两阶段的楼梯方式，除了减缓上下楼的坡度外，还方便台阶下方设置多个不同的收纳空间，楼梯下方的剩余空间还置入了厨房设施。

一层空间做成了一个多功能空间，可随时变换成客厅、餐厅甚至邻居奶奶的单独卧室。大量的阳光透过改造后的天井挥洒进入室内，屋内不再有潮湿、昏暗的暗室。在不规则的房屋剩余空间设置了一间淋浴房和一间卫生间，母子两人可分开使用。

通往二层半卧室的楼梯墙面镶嵌了实心哑光玻璃砖，墙的另一侧是委托人家，让两户之间在分家后还能借由这无声而微弱的光线感知着彼此的存在。

地面隐藏升降桌，让厨房秒变多功能厅

落地窗外是天井

○ 设计师个人资料

王平仲
现任中国上海平元建筑装饰设计工程有限公司 (PDS) 设计总监
曾任 PADS 执行总监
曾任英国 J+W Architects 建筑师
曾任中国台湾苏成基建筑师事务所建筑设计师

2015 年《IDEA TOPS 艾特奖》中国上海赛区最佳住宅建筑设计奖
2015 年《IDEA TOPS 艾特奖》海派设计网络最佳人气奖
2015 年《金堂奖》年度最佳住宅公寓设计奖
2015 年《太平洋家居时尚盛典》年度中国高端室内设计师 TOP 10
2014 年《搜狐焦点家居》年度杰出设计人物奖
2013 年《当代设计》第二十一届年度设计师金琮奖
2016 年《祝融奖》中国照明应用设计大赛优胜奖

只要设计不脱离以人为本的主轴，我相信每一种设计都可以做得到。对于设计师来说，回归到这个行业的本质，思考什么样的设计是消费者适合和喜欢的，对这个行业非常好。每个设计师每年可以花时间做些公益，心里会更简单，少很多顾忌。帮助大家，就是帮助自己。

王平仲

记忆中的家

30平方米老宅变三居养老房，防火保暖防滑智能一体化

○ 房屋情况

● 地点：上海

● 房屋情况：**31.5平方米**，一室一厅，三楼，老房房龄不详

● 业主情况：委托人易妈妈夫妇

● 业主请求：方便老年人居住，有会客的地方，有关于儿子的回忆

● 设计师：谢蕙龄

六十多岁的易妈妈是上海人，担任"绿色生命"组织理事长。2003年来到内蒙古植树，十几年间，易妈妈夫妇总共绿化了近一千三百多公顷沙漠，种活了250万棵树苗，存活率高达85%以上。

这份坚持的背后，是他们当初与儿子生前的一番对话。2000年的时候，易妈妈夫妇和孩子一起在日本，老两口计划回国，儿子建议他们回国后去内蒙古种树。两个星期后，他们的儿子因为车祸去世了。用了两年的时间，易妈妈夫妇才从悲痛中缓过来，想起儿子最后的心愿是希望他们回国后去种树，于是他们辞去工作，成立了非营利机构——"绿色生命"组织，来到内蒙古。为了种树，他们卖掉了诊所、两套房产，还花掉了儿子的生命保险金，终于换来了沙漠中的一片绿洲。

改造总预算：34 万元		
硬装花费	钢结构：4 万元	23.5 万元
	人工费：7 万元	
	材料费：12.5 万元	
软装花费	10.5 万元（含电器费用）	
节目组承担全部费用，此费用不含爱心企业的赞助		

易妈妈夫妇绿化的沙漠

种树的志愿者

房子外观

老房子内部

这次要改造的房子位于上海市虹口区，旧式里弄的三楼，整个面积只有31.5平方米，是易妈妈夫妇准备用来养老的住所。儿子童年的时候，他们一家人曾经在这里度过多年快乐的时光，处处留有儿子生活过的痕迹。他们希望这次改造，既能为他们的生活提供便利，又能保留对儿子的回忆。

房屋状况说明

易妈妈夫妇的老房子在一栋三层高小楼的顶层，共有南北两个房间。两个房间之间有 1.1m 高的天然落差。

为了了解老年人生活在这套房子里有哪些不便，设计师谢惠龄特意邀请了一对八十多岁的老人在里面居住了 24 个小时，全方位体验了各个空间的居住情况，了解了房屋中需要调整的重点。

南 ➡️

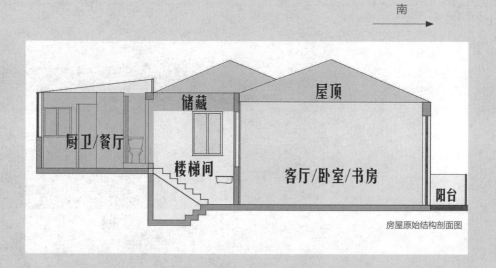

房屋原始结构剖面图

1. 楼道

因为委托人家里是顶楼，需要上好几层楼梯，现在委托人夫妇已经 67 岁了，随着年龄的增长，上下楼将成为他们出门的难题。而且楼道里非常暗，没有灯光的话，伸手不见五指，对于老年人来说也是不安全的。

破旧的楼梯

黑暗的楼道

2. 卧室

南面的房间是易妈妈夫妇以前的卧室，整个面积有20平方米，这个房间的每一处都能深深地勾起他们的回忆，大衣柜是与儿子躲过猫猫的地方，墙上的那幅画是他们结婚时的贺礼，门边衣架甚至比他们的年龄还大……每一处都有着说不完的故事。

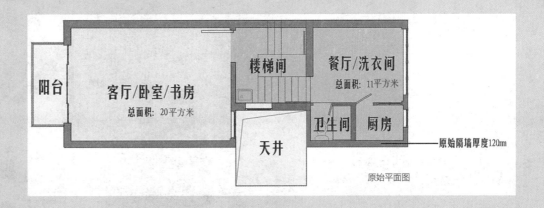

原始平面图

● 设计师感触：虽然这间屋子面积不小，通风和光线都不错，但是会客室、卧室、书房都混在一起，功能混乱，缺乏私密性。

● 体验者感受：老人起来的时候需要有个扶手，现在床边是个沙发，不能借力。因此在这次设计当中，坐卧的地方都需加上扶手。

床靠着墙，里面的老人要下床，外面的老人就要起身为他让路，睡眠会被打扰

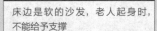

床边是软的沙发，老人起身时，不能给予支撑

3. 阳台

卧室南面还有一个小阳台，已经破旧不堪，上面搭了一个简易顶棚，平时就用来晾晒衣服。
浪漫的易妈妈希望将来这里能变成一个喝茶、聊天的地方。

屋外顶部为阁楼

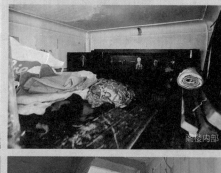

4. 阁楼

从南面卧室出来，在通往北面房间的走道上方，有一个阁楼，阁楼空间很大，可以睡人，现在放着易妈妈夫妇闲置的物品。

设计师感触：老年人住宅不能使用高的柜子，这样高的阁楼，对于老年人来说使用起来非常不便。

阁楼内部

5. 屋内楼梯

由于室内有高度差，从南面卧室到北面房间，要经过走道和楼梯。楼梯顶部，在进入北面房间的门口，有一个门槛，一不小心就会绊脚。

设计师感触：老年人居住的房屋，最好是无障碍通行。

6. 北面房间

这个房间的总面积是 11.5 平方米，被分割成了三间，比较大的空间作为了餐厅，两个小空间中一个是厨房，一个是卫生间。

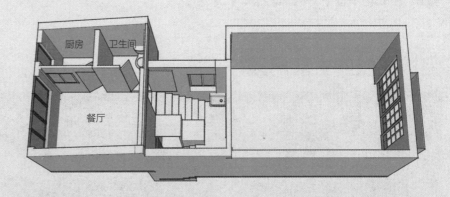

○ 体验者感受：

卫生间高于外面的地面，有一个 7cm 的槛，老人晚上上厕所特别不方便

卫生间门口

洗澡的时候，老人要跨进浴池，并不是很方便，尤其是地滑的时候，对老年人来说是特别危险的

7. 厨房

厨房面积太小，两个人做饭的话，非常拥挤。

灶台太低，炒菜时弯腰幅度大，容易劳累

厨房太小，无法容纳两个人同时操作

洗衣机放在厨房内，空间功能混乱

⚪ 老房体检报告

困扰业主的主要问题：

问题	评级	说明
上楼困难	●●●●○	委托人家住三楼，虽然楼层不高，但对于两位年近七旬的委托人来说，上楼仍是一件困难的事情。且楼道狭窄、昏暗，不利于老年人通行。
室内通道障碍重重	●●●●●	室内南北两间屋子高度相差 1.1m，只能通过楼梯上下，且楼梯顶部还有一个几厘米的门槛，老年人行走有危险。
南面卧室功能混杂	●●●●●	南面卧室面积不小，但承担着卧室、书房、客厅等多种功能，区域上没有很好地划分，使用不便。
阁楼利用率低	●●●●○	阁楼空间不小，但是位于高处，拿取物品不方便，利用率低。
卫生间不适合老年人	●●●●●	卫生间地面高于外屋地面 7cm，老年人进出不安全。洗澡的浴池有点高，老人进出不安全。
厨房太小	●●●○○	厨房太小，不能容纳两个人同时操作。灶台太低，做饭时弯腰幅度太大，老年人受不了。
阳台利用率低	●●●○○	阳台破旧，只能用来晒衣服，利用率低。

业主希望解决的问题：

1. 保留屋内有纪念意义的物品，有缅怀儿子的区域。
2. 方便上下楼。
3. 实现室内无障碍通行。
4. 阳台可以用来喝茶、聊天。
5. 有方便的储物空间。
6. 两位老人作息时间不一致，希望互不打扰。
7. 有会客、办公的区域。

⚪ 沟通与协调

沟通后的设计师建议：

1. 安装电梯

为了解决易妈妈老两口上下楼的问题，设计师和电梯安装公司几经勘察，发现原来设想的液压电梯在这里安装不了。最后决定在公共楼道里安装一台旋转式座椅电梯，它紧沿着楼梯旋转而上，既不占用楼道空间，又不会影响到邻居。

电梯遇到障碍物即停，安全；每天耗电不到一度，节能。为了感谢邻居的配合，设计师连同楼道也一起进行了改造

2. 切割横梁，打造通道

为了实现房子的无障碍通行，设计师的方案是将两个房间拉成一个平面，利用南面房间与过道下面一米多高的空间做成一个超大储藏室。但南北两个房间之间的过梁无法拆除，过梁到地面的高度只有1.5m，人根本无法直立行走，这就意味着无障碍通行成了泡影。易妈妈夫妇的心愿是在这个老房子里面养老，如何解决室内通行问题成了最大的难题。几经权衡，设计师决定牺牲部分空间来成全通行问题。

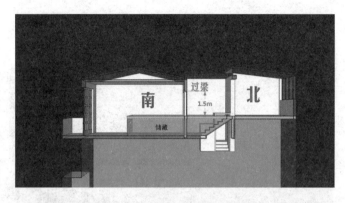

原有的过梁

切割后的过梁，黄色区域为通行区域

新方案中整个过梁几乎不动，牺牲了过道间的大部分面积，在靠近室内楼梯的地方切割出能通行一个人的过道，连接南北两个房间，实现无障碍通行。

切割横梁时，设计师采用了非常安全的方法：先在左右两边加固了五根槽钢，确保它的稳定性，然后才进行切割，最后再用一根横梁进行加固，完全保证了整个房子结构的稳固性

切割过梁后设置的门

3. 重新规划空间，打造无障碍通行

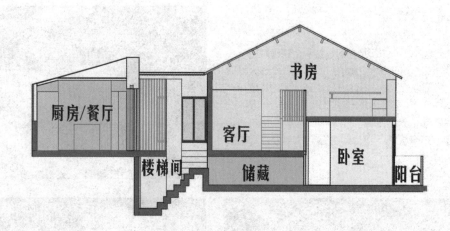

在新的方案中，北面的房间保持不变，卫生间被整体扩大，厨房与餐厅做了开放式的处理。南面的房间被分成了三个错层空间，采光、通风最好的一楼成了易妈妈夫妇的卧室，卧室旁边还设置了一个卫生间，方便使用；与厨房相通的二楼空间变成了客厅，客厅下一米多高的空间则成了一个大储藏室；三楼成了易妈妈夫妇的书房。那么在这三个大小不一的错层中，设计师又是如何做到无障碍通行的呢？

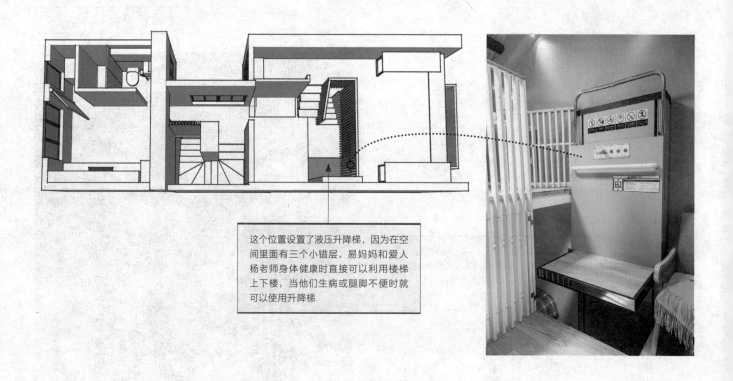

这个位置设置了液压升降梯，因为在空间里面有三个小错层，易妈妈和爱人杨老师身体健康时直接可以利用楼梯上下楼，当他们生病或腿脚不便时就可以使用升降梯

4. 增加设施，保证通风保暖

空调

整个房子中安装了最新型的中央空调系统，不同的区域，不同的需求，空调功能也不一样。

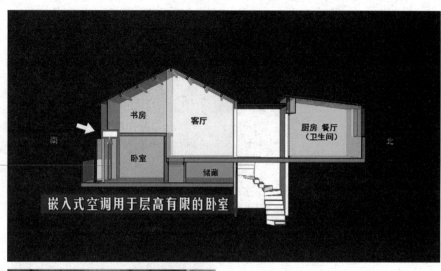

由于两位老人的卧室，层高只有两米，为了不影响层高，这里安装的是嵌入式空调，不用额外增加局部吊顶，大大节约了空间

客厅和书房使用温湿平衡空调，可以让整个房间湿度保持在一定的水平。

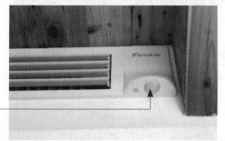

空调上面还有一个感应器，就是一个探头，它可以测试到人体移动的位置，不会直接对着人吹

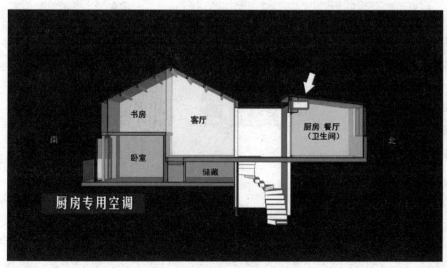

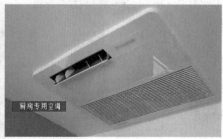

油烟重重的厨房往往是被认为最不适合装空调的地方，这次不但安装了，而且加装的是拥有油烟过滤网的厨房专用空调。

地暖

考虑到老年人特别怕冷这一特点，地暖也被使用在了卧室、客厅以及书房里。

由于房屋层高有限，所以这一次装的是电暖，平常做水暖，地面高度需要大概五到六厘米，电暖只有 0.6mm，完全不会影响到层高。另外一个特点，就是在同样的面积下，它的费用是普通水暖的三分之一。

玻璃窗

在隔热保温方面，中空的双层玻璃窗户当然也少不了，这次安装的窗户还有很特别的一点。

窗框上部有一个气孔，即使门窗紧闭时，也可以打开小气孔方便空气流通，气孔上有一个可以防灰防虫的过滤网，过滤网可以拆卸。设计师抽出了原来的过滤网，换上了可以过滤细颗粒物（Ｐ平方米 .5）的新型过滤网。

5. 卫生间更适合老年人

老房子原来的污水管道不是很规范，原本的马桶做了地排，必须抬高地面，老人如厕十分危险。现在设计师将马桶改成了墙排，污水管道从马桶背后的墙面走出去，本来卫生间与餐厅存在高低差问题，现在被拉成了统一平面。房屋中其他位置存在的高差问题，也被一一拉平。同时，卫生间的新风系统，为房间24小时换气。

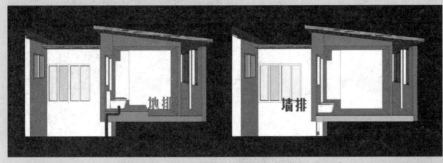

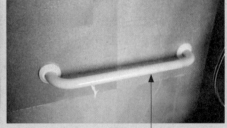

本来委托人希望有一个泡澡的地方，但是考虑到空间狭小，及照顾到老年人的安全性，设计师还是做了淋浴。

卫生间增加了比较安全的把手

6. 打造安全无障碍厨房

为了方便老人，设计师对橱柜的高度做了调整，上面的橱柜比一般的橱柜安放高度低了一些，橱柜里面的拉篮为下拉式，方便拿取物品。

灶具选用的是电磁炉，没有用煤气。选用的电磁炉可以在汤溢出或忘记关掉时，自动关闭，非常安全

7. 尽量旧物利用，贴近环保主题

家具

这次设计方案的主题除了无障碍之外，另外一个就是环保。为此设计师专门去旧家具门店挑选了一些老家具，老家具既是旧物利用，又最具有上海味道，与老房子的历史感非常契合。

屋顶

加工后的老回收木，没有任何的甲醛和油漆，被用在了房屋顶面，既古朴又环保。

楼梯扶手

公共空间拆除下来的一根根实木木桩，设计师当然也不会浪费，把它们一切为二，当作室内所有的扶手，打磨光滑即可，不上漆、不上蜡，使用起来既安全又舒适。

地板

考虑到易妈夫妇的年纪比较大，设计师的木地板材料选择了防滑板材，而且地板胶也是天然材料的，没有任何甲醛。

8. 设置儿子怀念区

易妈妈夫妇怀念儿子，希望能在梦中再见到儿子，但一直没能如愿。儿子曾经在这个
老房子里度过童年，易妈妈他们也希望在这里能寻到儿子的气息。应易妈妈的要求，
设计师特意为易妈妈设置了一处缅怀儿子的区域。

9. 智能遥控系统

室内所有的灯光、窗帘、空调、天窗都
做成了一个智能系统，通过一个手机软
件，就可以控制这些设施。所有的智能
家居除了手机控制外，还可以用面板与
摇控器来控制。

⭘ 改造
成果分享

1. 公共楼梯

公共空间一改过往的杂乱，变得整洁明亮，加装的红外线感应灯与扶手，让大家的通行都更为方便。旋转式座椅电梯，彻底解决了易妈妈老两口今后上下楼的难题。

整合了原来楼内各家的储物空间，形成了整洁的核心储藏室

在三楼易妈妈家门口，还设置了挂雨伞的位置。更为贴心的是，还有易妈妈创办的"绿色生命"组织的标志

楼道灯光和防滑设计

⭘ 改造前后对比

改造前

改造后

2. 卧室

进入室内，用回收木特别打造的屋顶，还有露出淡淡木纹的扶手，保留了老房子的古朴气息。南面分为三个错高空间，一层的卧室利用树脂墙作为隔断，内间是老伴的卧室，外间则是易妈妈的空间，她即使工作到深夜也不会影响老伴的休息。树脂墙是半透光的，这样两位老人既能互相照顾，又不互相打扰。室内所有的移门都可轻松开合，为老年人居住提供了极大的便利。

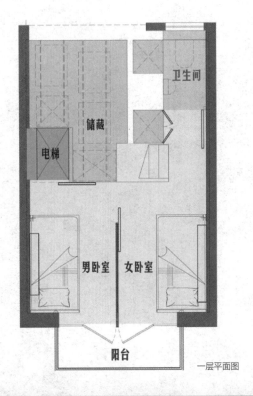

一层平面图

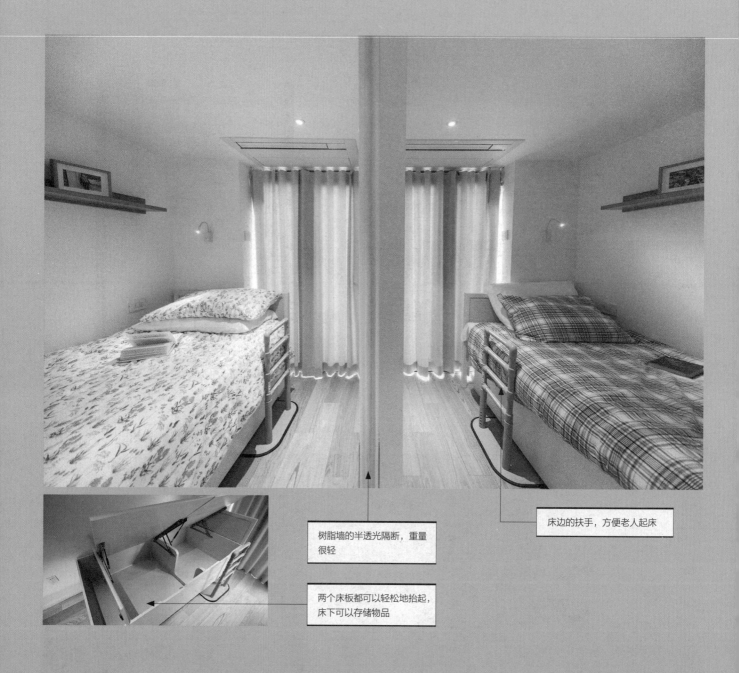

树脂墙的半透光隔断，重量很轻

床边的扶手，方便老人起床

两个床板都可以轻松地抬起，床下可以存储物品

卧室内暗藏机关，轻松移开滑轮柜，用遥控器指挥里面的轨道，储藏室里的箱子便自动滑了出来。物品取放完毕，按动遥控器，箱子自动回到里面。

阳台设置了感应式雨棚和可调节高度的晾衣架，便利业主的生活。

卧室旁边增设了一个卫生间，方便夜间使用。

方便起身的扶手

3. 客厅

错高的第二层空间是新增加出来的客厅，
超高的层高、开阔的视野，在这里居家、
会客都会极为舒适。

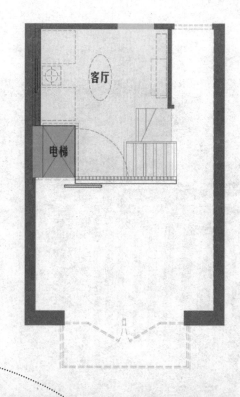

二层平面图

结婚时友人送的画被再次挂
在墙上，保留昔年的记忆

增设天窗，保证室内通风和采光

4. 书房

错高的第三层空间是易妈妈夫妇的书房,沙漠色墙体与绿色植物相映成趣,象征着易妈妈投入毕生的植树事业。另外在这里,应易妈妈夫妇的要求,设计师还为他们设计一个缅怀爱子的纪念区。

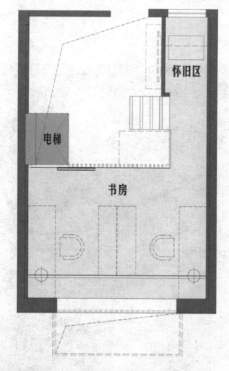

三层平面图

墙上的植物是活的,靠吸收空气中的水分就可以成活生长,不用浇水,也不会招蚊虫

书房的桌子也可以当作单人床使用,如果客人需要留宿,也有地方

旧箱子里面，镶嵌了易妈妈夫妇的结婚照片，还有机关能放出儿子童年唱歌的录音，一家人的音、像在这里团聚，成全易妈妈夫妇的思子之情。

儿子从小到大的照片

5. 液压升降机

客厅、书房、卧室三个错高层面之间有楼梯，但为了更好地实现无障碍通行，设计师在室内安装了液压升降机，便于两位老人腿脚不便时使用。

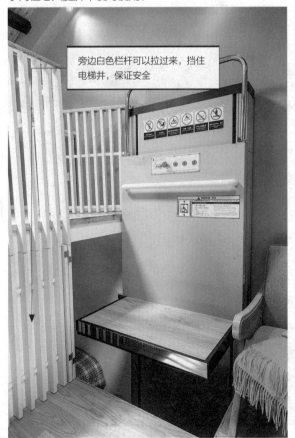

旁边白色栏杆可以拉过来，挡住电梯井，保证安全

通过液压升降机来到一层卧室

通过液压升降机来到三层书房

6. 餐厅

房子北面的空间与客厅相连，这里是开放式的厨房与餐厅。

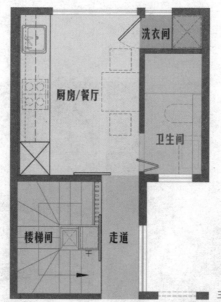

洗衣间

厨房/餐厅

卫生间

楼梯间   走道

半自动移门，方便隔绝油烟

三层平面图

上层橱柜的下拉式拉篮，方便老人拿取物品

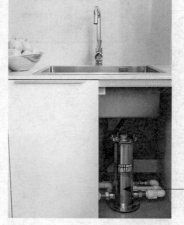

全屋设有净水设施，室内所有用水都是经过净化的，包括洗浴用水，保证用水安全

可变形的餐桌，方便人多时就餐。

屋顶的两个小洞，是拆卸式晾衣杆的悬
挂处，挂上晾衣杆，可以在室内晾衣服，
不用时可以收起，节省空间

◯ 改造前后对比

改造前

改造后

6. 卫生间

卫生间在原有基础上做了扩大，浴缸改为淋浴，更适合老年人的使用习惯，各处扶手的安装保证了使用安全。

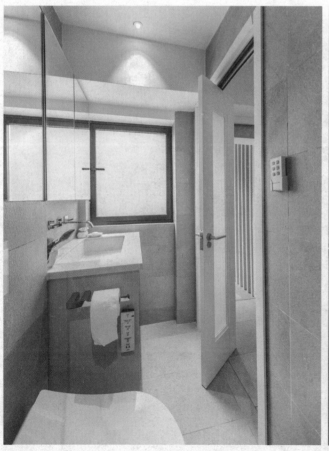

○ 改造前后对比

卫生间干湿分离，淋浴间里的扶手、坐凳，
保证老人洗澡时的安全

改造前

改造后

7. 洗衣房

在卫生间旁边增设的洗衣房，让洗晒衣物变得更加轻松。燃气热
水器放在这里更安全，避免了烧水时煤气中毒的危险。

○ 设计师个人资料

谢蕙龄

HLH 尚想室内装饰设计（上海）有限公司 设计总监

曾在世界十大建筑事务所之一 Gensler 任职室内设计总
监长达 17 年，并任职于著名的美国 SOM 和美国加利福
利亚 B.F.A，现创办 HLH 兼任室内设计总监。代表作品：
上海中心大厦室内设计、Lakeville Gallery 上海翠湖天地
生活艺术馆、上海翠湖天地 The Manor 上亿元复式豪宅
等等。

希望更多的人能了解设计，不要一味拆除老房子，而是作
为整体项目进行改造。公益是一步一个脚印，用爱影响更
多人，爱永不止息。

谢蕙龄

不想丢弃的家

34年老房变四室两卫，
"昏房"变婚房，小情侣圆梦

○ **房屋情况**

- 地点：南京
- 房屋情况：建筑面积 **72** 平方米，**12** 平方米的院子，三室一卫
- 业主情况：委托人小魏、男友小董、男友父母及奶奶
- 业主请求：希望这套房子能作为婚房，委托人小两口、男方父母、
  男方奶奶都要有居住空间，还要为将来的孩子预留出空间。有宽
  敞的厨房和舒适的卫浴
- 设计师：徐明 文吉

改造总预算：31 万元		
硬装花费	加固费：3 万元	22 万元
	人工费：7 万元	
	材料费：12 万元	
软装花费	9 万元（含电器费用）	
委托人承担 28 万元，节目组承担 3 万元楼层加固费		

⬤ 房屋状况说明

董家的老房子位于南京财经大学福建路的老校区内，建于 1981 年，位于一栋五层楼建筑的一楼，建筑面积 72 平方米，套内面积 63 平方米，带一个 12 平方米的院子，本身拥有三个卧室。

1. 居住人多，没有客厅

董家房子内，以前居住的人比较多，加上大家习惯走小院中的门，原本的正门几乎不走。现在不大的家里有着三个卧室，朝南靠近小阳台的主卧是小董父母的房间；旁边的次卧是小董的房间；小魏住北面的小房间。整栋房子没有了客厅。

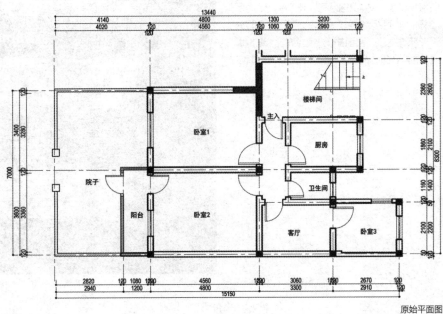

原始平面图

2. 室内采光非常差

董家楼房周围的树都已经高过楼顶，而他们家与前面一栋楼的距离只有 8m，比周围楼房的楼间距都要小，这让房子的日照时间非常短暂。而且由于小阳台的阻隔，即便外面阳光明媚，这个家里也是昏暗一片。

3. 非常潮湿、寒冷

打开房门，就能闻到一股霉味，有鼻炎的小魏不得不经常在家还戴着口罩。只要一下雨，董家的地面就会出现严重的返潮现象，即便擦拭的再勤，霉菌也会肆意滋生。最严重时，镜子里都是霉斑，拖把上开出"一朵花"来。

阴暗潮湿的老屋内，寒冷是必不可少的，在这个室内，和室外俨然两个季节，人们永远要比室外多穿一件衣服。

长了霉斑的罐子　　　　　　　　　　　镜子里长出了霉斑

4. 卫生间狭小

卫生间只有 1.8 平方米，相较一个三室的房子而言非常小，里面只能放下马桶和一个水磨石的浴缸。洗衣机只能放在外面宽不过 1m 的过道里，每次洗衣服，排水管要放到马桶上，污水通过马桶排走。排水管要有专人看守，一旦掉下来，室内就要"水漫金山"了。而且洗衣服的时候，不能上厕所。

摆在过道的洗衣机

洗衣机排水管放在马桶上排水

全家人洗漱只能在厨房，原本不大的厨房，就更拥挤了　　　　　　拥挤的厨房

5. 厨房太小，功能混乱

厨房太小，许多东西都只能放在其他房间。男友小董喜欢吃曲奇，小魏每做一次都要在房间里来回跑许多趟，非常不便。

全家人吃饭也在厨房里，现在奶奶因病住院，一家四口吃饭勉强能坐下，如果老人回家、将来再有孩子，肯定是坐不下的。

6. 没有修理空间

7. 缺少储物空间

董爸爸喜欢动手修理东西，但是家里没有空间

由于空间小、人口多，许多物品无处摆放，只能堆在走道的位置，上到爷爷当年上学的箱子，下至董妈妈的嫁妆，整个家族的记忆都堆在这里

困扰业主的主要问题：

没有客厅	●●●●○	所有的房间都做成了卧室，现在的客厅只能与董爸爸夫妇的卧室兼用。
采光不足	●●●●●	和前面楼房间距太小，且树木高大，加上阳台的阻挡，光线很难进入这个一楼的房间。
卫生间太小	●●●●●	只有 1.8 平方米，洗衣机只能放在外面过道里，洗衣服时要通过马桶排水，所以洗衣服时，不能上厕所，非常不便。
厨房太小，功能混乱	●●●●●	厨房很小，除了做饭外，还要承担洗漱池、餐厅的功能，非常拥挤。
潮湿、寒冷	●●●●●	屋内发霉现象严重，甚至镜子里、拖把上都是霉斑，非常不健康。外墙保温性不好，屋内非常冷，永远比室外温度低。
储物空间少	●●●●○	屋小人多，现在利用过道储物，非常杂乱。

◎ 业主希望解决的问题

1. 改变格局，四室两卫，能容纳全家居住。
2. 地面防潮，屋内不再霉斑遍布。
3. 外墙保温，改变现在阴冷的环境。
4. 有朋友聚会的场所。

⭕ 沟通与协调

沟通后的设计师建议：

1. 改造格局，打造四室两卫

两位设计师做出了六个不同的方案，其中两个成为最终方案的备选。无论哪个方案，加固承重梁，拆除梁下的砖墙都是关键。

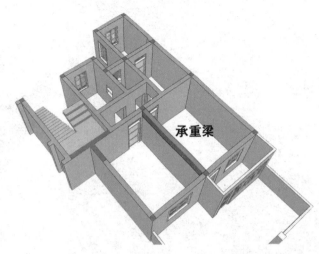

原始结构示意图 红色部位为原始图纸上标注的承重梁。

方案一

将南侧两个卧室的空间比例调整，西边的房间，作为客厅和餐厅，厨房成为半开放式，移到承重梁下空出的位置。这个方案中，整个空间会比较大，而且光线比较充足。

方案二

所有的结构功能调整都集中在房子的南侧，去除掉承重梁下的所有砖墙，原来的两间卧室格局重新划分为三个区域，中间是客厅和餐厅，两边是卧室。西侧主卧里分割出独立的卫生间，东侧甚至可以再划分为两个房间。

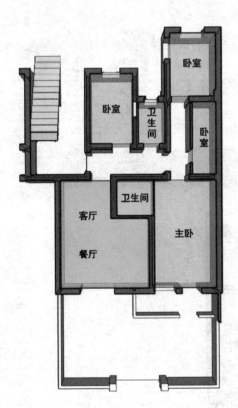

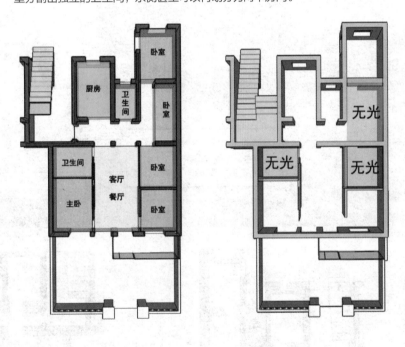

但是第二个方案有一个致命的弱点——采光差。如果要实现每个房间的采光，势必就要部分使用玻璃的隔断，那么私密性就会受到影响。

最终设计师选定了方案一，确定方案后，施工队开始施工。首先进行的是拆除工作，但敲开承重墙的白灰层后，大家都愣住了——这堵墙只有半截梁，原始图纸上标注的承重梁和大家预想中的墙角柱体都没有。

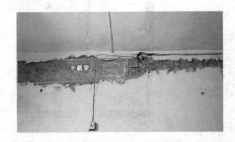

这是设计师根据原始结构图预判的房型，砖墙的顶部都有圈梁，每个拐角的位置都有构造柱，局部有丁字结构。对于一座楼房来说，必须有这些梁柱，才能构成结构的框架，保证楼体的坚固。然而在现实里，除了最关键的那面墙上还算有半截梁之外，这个房子原始图上应该有的抗震结构，实际都没有。这种结构对抗震来说，是很不安全的。

之前所有的方案中，都必须打开两间卧室中间的隔墙。现在，这堵墙已经不可能打掉了，此前所做的六个方案，全部被推翻。

一切都要重新开始。虽然两位设计师都是建筑师出身，但也不敢轻举妄动，带着新的结构图专门请教了上海现代建筑设计院的首席结构师。

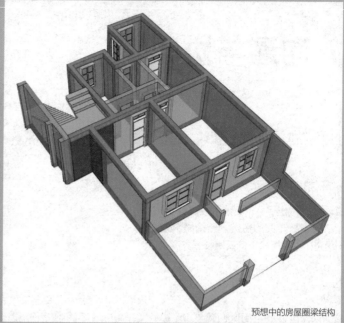

预想中的房屋圈梁结构

根据结构师的建议，方案做了微调，房子的格局也因此找到了突破口，多出了一个卫生间。而且由于它和主卫距离很近，不管是排管还是排风，都很方便。这样，东侧的房间变成了客厅和餐厅，西侧成了带独立卫生间的主卧。董家原来客厅、卧室混杂的情况不复存在。

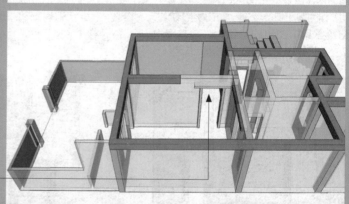

根据结构师的建议，两个卧室中间的墙，可以用工字钢做好过梁后，开一个90cm的门洞，然后再进行支撑加固

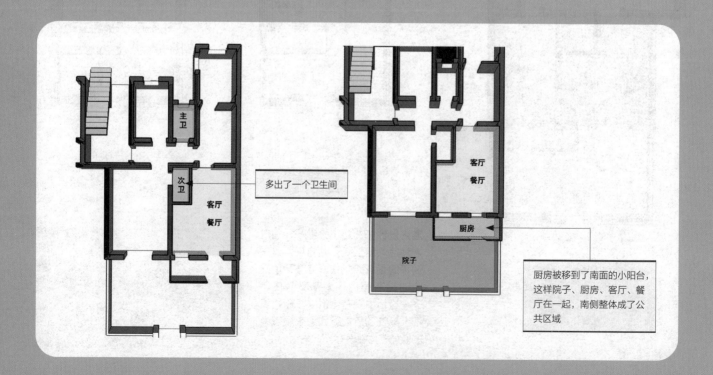

主卫

次卫

客厅
餐厅

多出了一个卫生间

客厅
餐厅

厨房

院子

厨房被移到了南面的小阳台，这样院子、厨房、客厅、餐厅在一起，南侧整体成了公共区域

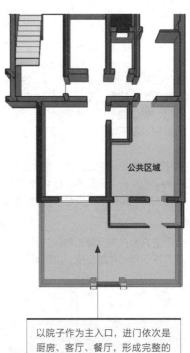

新的格局使得房子拥有了四室两卫的功能。所有带有采光的房间，都成了卧室。小董原来的房间，变成带独立卫生间的主卧；原来的厨房停用煤气后，成了奶奶的卧室。

以院子作为主入口，进门依次是厨房、客厅、餐厅，形成完整的公共区域

北面的小房间，因为去掉了砖墙，适当扩大，作为董家父母的房间。

砖墙打掉，房间扩大

餐厅门的移位，让光线可以到达原来的暗室。因为平时它和客厅是连在一起的，既是书房，也是客厅的一部分。当然它也可以变成一个临时的小卧室。

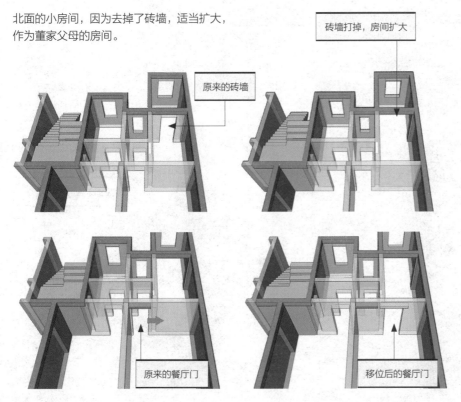

原来的砖墙

原来的餐厅门

移位后的餐厅门

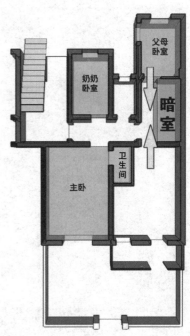

2. 加固结构，打消业主顾虑

一次加固

根据拆除墙体后看到的真实结构，董家整户房子的外墙是有圈梁的，包括加建的小房间。本来按照常规设计，墙体的四周还应该有柱子，这种柱子能让整个建筑固定起来，但现在所有的墙都是砖墙，没有抗震结构，很不安全。

改造中涉及房屋结构的修改，为此设计师专门请来了一位上海设计院的老工程师为业主解惑，还联合南京当地有相关资质的设计单位，一起出方案加固原本抗震性很差的房屋结构。

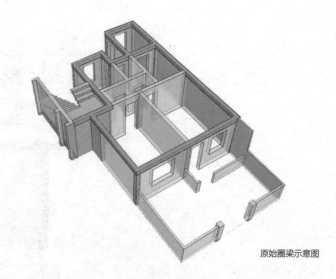

原始圈梁示意图

设计师的方案是采用较短较细的钢梁，以较少破坏墙体的方式做成过梁，下面用立柱做支撑，底部再焊接，形成一个门框的完整结构。

当地设计单位的方案则是运用较粗较长的钢梁，这样做好过梁之后就有足够的安全性，不再需要立柱。最终这两种方法被用在不同的门洞处，同样安全。

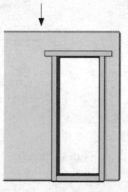

设计师的方案

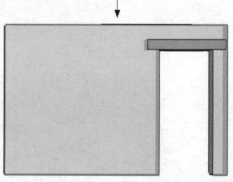

设计单位方案

在结构调整结束后，工程队开始对走道部分进行加固。在原始图上，这一区域的楼板应该是由混凝土浇筑的。但现实中，这个地方不但没有抗震结构，楼板上还出现了明显的裂纹。改造中使用槽钢支撑之后，整个钢架和圈梁相连，再加上所有门洞新增的立柱、钢梁，这套房子缺失的抗震结构，被完全弥补。这样的加固，可以惠及楼上的所有住户。

○ 改造前后对比

改造前

改造后

两种加固方案，都有应用

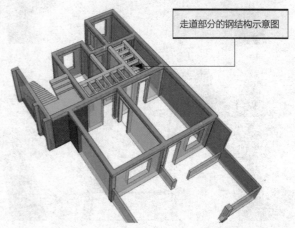

走道部分的钢结构示意图

改造后钢架、圈梁示意图

二次加固

由于房子结构的改动，关于房子安全受到威胁的说法在邻居中不胫而走，恐慌的情绪迅速蔓延。怎样才能让邻居们相信房子没有安全问题？设计师和当地有相关资质的设计单位再次协商，调整方案。

经过讨论，原本二选一就足够的钢梁结构，改成两套方案一起做，每个门洞都用粗大的钢梁做了加固。这些粗大的立柱，远远超过了这座房子的承重需要。

10 平方米用了 24 根槽钢，足以支撑 20 层大楼了

二次加固结束后，当地房管局工作人员带着邻居前来参观，彻底打消了大家的安全顾虑。但是这些明显的二次加固痕迹，虽然平息了风波，却给设计带来了麻烦。

计划门的宽度是 1.24m，现在只剩下 0.96m 了

3. 加大开窗面积，增加采光

把靠近阳台的窗户做成落地窗，光线要比原来多出两倍，缓解屋内光线不足的问题。

此处改为落地窗

4. 多种防潮方式齐动员，彻底解决霉斑问题

董家北面的小房间最干燥，这是因为加建的小房间地面和其他房间有落差，隔绝了大部分的潮气，为了避免像打开墙体时发生的意外，设计师还是保留了原地面的完整性。

设计师决定在原有的水泥地上直接做防潮。第一层是防潮剂；干燥一天后做第二层——水泥层；水泥干透后，再做一层防潮层。虽然没有架空，但实际防潮的原理是一样的，通过材料阻止潮气向上漫延。

原来的老房子，室内墙面也都受潮非常严重，所以整个墙面也做了特别处理，不但做了防潮，同时还做了保温处理。施工人员用柔性防水的材料覆盖了整个地面和所有墙面，潮湿的问题迎刃而解。

5. 内墙保温，解决室内阴冷问题

设计师认为冷的原因是多方面的，一个是房屋的潮湿，二是室内本身是水泥地，也会给人一种冷的感觉。解决的方式是采用木地板，室内保温、防潮。

业主提出过要做外墙保温，但是这个需求遭到了监理的反对，因为在室外做保温，会多出来 3~4cm 的厚度，是不被允许的。设计师也认为，经过扩窗改造，南外墙的面积已经只剩不到 3 平方米，做室外保温是没有任何意义的。

室内墙上涂专用腻子，起到保温的作用

6. 油烟净化机，彻底净化油烟

这个改造当中有一个很大的动作，就是把厨房挪到了阳台的位置，邻居担心油烟会对他们有影响，对此设计师安装了专业的油烟净化机彻底解决了这一问题。

这种净化机是用在工业上的除油和餐饮业的，很少用于居民区。厨房的油烟经油烟机抽出后会直接排进净化机，经过静电处理实现油烟分离，分离后的油，可以直接碳化，不需要清洗。

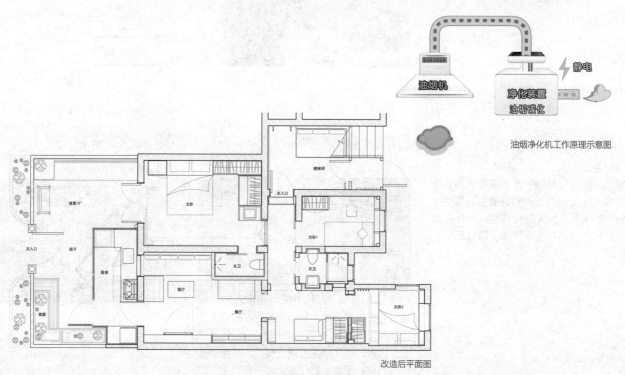

油烟净化机工作原理示意图

改造后平面图

◉ 改造成果分享

1. 院子

纯白的院墙让整个房子从外表开始就透露出浪漫的爱情气息，院子里外都可以种植花草，也有休闲的区域，可以招待朋友。浅色的基调不但美观，而且可以充分反射阳光，原来灰蒙蒙的小院子，一下明亮起来。

◉ 改造前后对比

改造前　改造后

2. 厨房

色彩成了最大的亮点，黄白相间的瓷砖过渡下，明黄的厨房更为亮眼，虽然面积很小，但是面朝整个花园，并不感觉局促。玻璃门可以完全打开，这时，厨房和院子可以连为整体，也把阳光直接引入室内。

◉ 改造前后对比

改造前　改造后

3. 客厅、餐厅

客厅、餐厅也是黄白相间的色调。天花板上，因为预制楼板不能开槽，设计师利用花枝的造型隐藏线路，让每一盏灯都像一朵绽开的花，贴合婚房的主题。

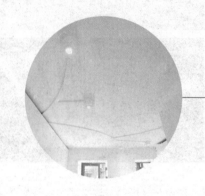

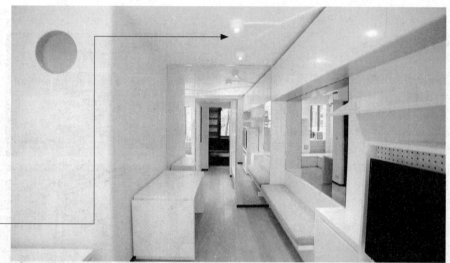

桌子可以变大，凳子可以收纳物品

沙发下面是抽屉，可以存储物品。沙发后面是镜面，在视觉上延伸空间感

电视机可以旋转90°，就餐时也可以看电视，电视机后面还可以收纳物品

○ 改造前后对比

改造前

改造后

4. 书房

进入走道，色彩又开始变化。浅绿色调的书房，过去是这个房子最黑暗的角落。现在它的功能可以根据需要灵活转变。分隔的墙体其实是隐藏的柜子，弥补小房间的面积不足。

柜子后面有两层柜子，一层是衣架柜，一层是父母房的移动门，同时也是置物架。

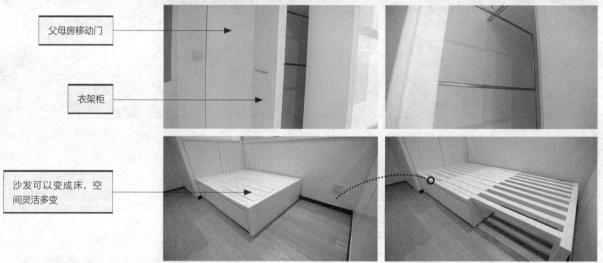

父母房移动门

衣架柜

沙发可以变成床，空间灵活多变

○ 改造前后对比

改造前

改造后

5. 父母房

北面的小房间，成为父母房，书架以深一点的绿色为背景，地板下也是收藏空间。收纳柜其实就是房门，这样色彩的层次搭配，让房间和书房相连，更像一个有书香气息的套房。

房门也是收纳柜

房门移开，与外面的书房相连

○ 改造前后对比

改造前

改造后

原本的正门

6. 储藏间

原来已经不用的正门被封闭，这样走道也得到了利用，多了储藏空间。

走道尽头的柜子，是董爸爸的工具箱，满足董爸爸喜欢自己动手操作的需要

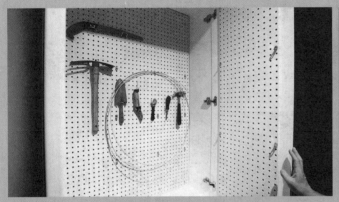

下面是可以翻起的工作台

7. 卫生间

卫生间把浴缸改成了淋浴设施，也增加了洗漱的空间，业主再也不用去厨房洗漱了。

○ 改造前后对比

改造前

改造后

8. 奶奶卧室

原来的厨房，改造成了奶奶的卧室，床是专业的护
理床，方便奶奶休养。

9. 主卧

小董小魏的房间和奶奶的房间相对,落地窗给了室内最好的采光,
大面积的蓝色和白色,就像两人从初恋坚持至今的爱情一样浪漫、
纯洁。小卫生间和洗漱台干湿分离,使用更方便。落地窗的设计让
主卧可以直通院子,也给奶奶的床留出了一条通道。

床头的花墙是文吉特
意为小夫妻设计的,
花枝可以抽出来

拉动把手，是一个可以打开的更衣室。

更衣室内景

卫生间外面的洗漱台 →

O 改造前后对比

改造前　　　　　　　　　　改造后

O 设计师个人资料

徐明

上海明合文吉建筑设计有限公司　创始人
出生于中国，毕业于法国 Penninghen(E.S.A.G.) 高等设计学院，曾和 DidierGomez、Eric Raffy
和 Paul Andreu/APDi 等著名设计师共事。服务过的项目包括 Cartier(卡地亚) 珠宝店概念设计、
S.T.Dupond(都彭) 男士精品店。2004 年因主持设计的重庆科技馆中标回到中国，作为公司负责人
进行一系列的国际建筑设计与实践。他被媒体认为是中国现代设计的关键人物。

Virginie Moriette（中文名：文吉）

上海明合文吉建筑设计有限公司　创始人
法国籍，毕业于法国 Superior School of Architecture of "Paris La Villette" (E.A.PL.V.) 拉维莱特
建筑学院。毕业后在 Paul Andreu/ADPi 工作时，设计过许多大型项目：迪拜国际机场航站楼、卡塔
尔国王私人机场建筑及室内设计、迪拜体育馆建筑设计、东方艺术中心室内设计、卡塔尔王室接待大
厅等。2004 年，Virginie 来到中国进行浦东机场第二航站楼的设计工作。

设计可以创造更舒适的生活，启发周边人生活方式的改变。对美好生活的憧憬，对家的依恋，就是设
计师的奋斗目标。

明合文吉

落叶归根的家

140 多年老宅涅槃重生，
大家族老屋再聚首

○ 房屋情况

- 地点：西安
- 房屋情况：两进的老宅，140 多年房龄
- 业主请求：老兄弟们落叶归根回老家都有居住的地方，使老宅成为家族聚会的地方，增加家族凝聚力
- 设计师：仲松

○ 业主情况

整座建筑分为前院、上房和后院三个部分。当年分家时，前院属于委托人李先生的父亲，上房则归大伯，后院为两家共同所有。传到这一代，前院分属李先生兄弟四人，东面厦房属于大哥、二哥，西面则属于李先生和四弟。上房分属姐弟两人，姐姐拥有东面房间；正屋与西侧房间则属于弟弟。后院加盖的砖混建筑属于李先生的五弟，不参与此次改造

家庭成员关系：

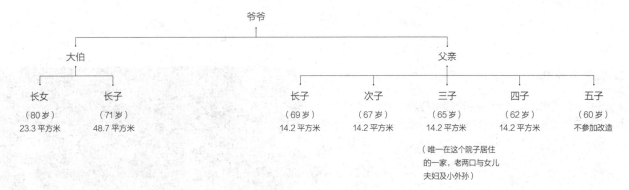

```
                              爷爷
             ┌─────────────────┴──────────────────────────────────┐
           大伯                                                  父亲
      ┌──────┴──────┐              ┌──────────┬──────────┬──────────┬──────────┐
    长女          长子           长子        次子        三子        四子        五子
   （80岁）      （71岁）       （69岁）     （67岁）     （65岁）     （62岁）     （60岁）
  23.3 平方米   48.7 平方米    14.2 平方米  14.2 平方米  14.2 平方米  14.2 平方米  不参加改造
```

（唯一在这个院子居住
的一家，老两口与女儿
夫妇及小外孙）

改造面积：

户主	原始面积	新增面积	改造后面积
大姐	23.3 平方米	15.9 平方米	39.2 平方米
弟弟	48.7 平方米	30.4 平方米	79.1 平方米
长子	14.2 平方米	12.3 平方米	26.5 平方米
次子	14.2 平方米	12.3 平方米	26.5 平方米
三子	14.2 平方米	24.8 平方米	53.2 平方米
四子	14.2 平方米		

改造总预算 100 万元

（其中李家一共出资 20 万元，节目组承担 80 万元）

西安钟楼附近的这座晚清老宅，分为坐南朝北的上房与东西两侧的厢房。历史上，西安城的东南面是最为繁华的贸易市场，李家在民国初年经营皮货生意起家，买下了坐落在文昌门边的这座宅院。这里曾经是典型的两套三进老宅，背靠城墙，面朝东木头市，房屋鳞次栉比，家中人丁兴旺。可随着周围的房子逐渐被改建成现代建筑，留下的只有这个孤零零的院落和居住在其中的李先生一家。李先生觉得，这里是祖辈留下来的基业，不能在这一辈毁掉，因此和几个老兄弟商议，改造老房子，使它焕发出新的生命活力。

1. 房屋总体状况

上房是家中的祖屋，也是家中祭祖和举办传统仪式的地方。房门
上刻着精美的木雕，特有的五蝠垂花门象征着家族兴旺、多子多
福。现在属于大伯家的俩姐弟。

厦房屋顶为陕西特有的"房子半边盖"，在干旱的西北地区，利于
向院中汇集雨水，房子侧面是雕花的山墙，上方的水纹砖雕在传统
砖木结构中比较多见，意寓着祈雨防火、家宅平安。现在属于李先
生兄弟四个。

水纹砖雕

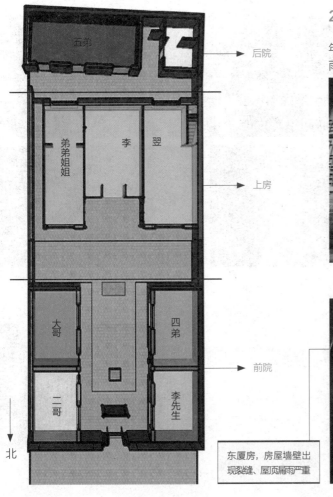

後院

上房

前院

北

五弟

弟弟姐姐

李

翌

大哥

四弟

二哥

李先生

2. 房屋几近荒废

年久失修，加之少人居住，大部分房间空置太久，腐朽、碱化、漏雨等现象严重。

上房，年久失修

东厦房，房屋墙壁出现裂缝、屋顶漏雨严重

几乎所有的房间都有漏雨现象

3. 用水困难，排水不畅

没有连接市政上下水管道，生活用水要从门外的自来水管拎进来，废水再拎出去，每天重复十几趟，对于老年人来说，是个负担。

没有下水道，雨水通过院内的暗沟排走

4. 缺乏卫浴设施

没有卫生间，洗浴、如厕都非常不便。晚上如厕，只能用痰盂。

5. 没有暖气

老房子没有暖气，冬天的保温和供暖都是问题，改造前，李先生一家只能烧土暖气供暖，热量有限。

6. 没有厨房

做饭炒菜，都在半露天的空间内完成。

⦿ 老房体检报告

困扰业主的主要问题：

墙体酥散	●●●●●	由于院子西侧盖起了砖混的二层小楼，与房子的墙面间隔不到 1m，通风排水不畅，导致一百多年历史的土坯墙面不断碱化疏松，逐渐产生了倒塌的危险。
屋顶漏水严重	●●●●○	屋顶普遍年久失修，导致漏水现象普遍且严重，危及房屋安全。
基础设施缺乏	●●●●●	缺少卫生间、厨房、上下水、暖气等多项基础设施。
卧室空间少	●●●●●	大家族人口众多，但老房子卧室空间少，年轻人回来照顾陪伴老人时，没有住宿空间。

业主希望解决的问题：

1. 增设卫生间。
2. 解决上下水问题。
3. 屋顶不要再漏雨。
4. 解决冬季供暖问题。
5. 家族的人们回来，都有居住的地方。

⊙ 沟通与协调

沟通后的设计师建议：

1. 揭瓦晾椽

揭开瓦顶，修缮或更换支撑屋面的椽子。经过清理，老房子的椽子很多已经不能继续使用，大量的房梁、椽子、瓦片等需要更换。

2. 拆除土坯墙

铲除墙表面后，露出来的土坯墙情况也不乐观，只有下半部墙裙相对完好。经过讨论，老房子的青砖房基已经基本沉降到位，非常坚固，不宜再动。但其上方的土坯已经碱化碎裂，要全部拆除。

坚固的墙裙

3. 地面开挖回填

要解决老房子的潮湿和继续碱化问题，就必须对地面重新开挖，去除已经碱化的部分，然后使用"三七灰土"的传统工艺，重新回填。

三七灰土是以 3：7 的比例，将筛过的石灰和泥土拌和均匀后铺设，随后进行夯实；同样的过程要重复三次以上。经过这样铺设的地面有非常强的抗渗透性和承压能力，是非常优良的中国古代建筑智慧。

去除碱化土

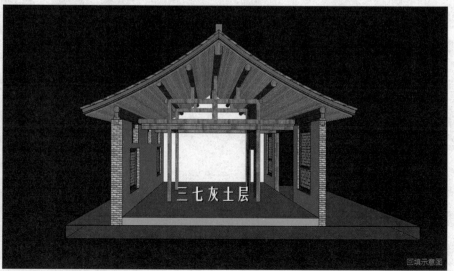

三七灰土层

回填示意图

4. 加固房屋结构

在房屋的结构上，由于古老的房梁和主体都出现了不同程度的开裂和变形，设计师利用钢结构和混凝土对房屋进行了支撑，保证了整个房屋结构的安全。

以前的椽子和木板

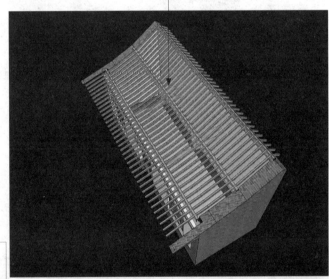

5. 使用新工艺

在屋面的处理上，设计师也采用了比较大胆的新工艺。首先，使用竹基纤维复合材料替换掉大部分椽子和木板。这种材料承重能力非常强、自重也比较轻，可以降低使用的密度；上面再覆盖一种进口的轻型保温膜材料，它的特点是可以隔绝并反射热量。

换上竹基纤维复合材料

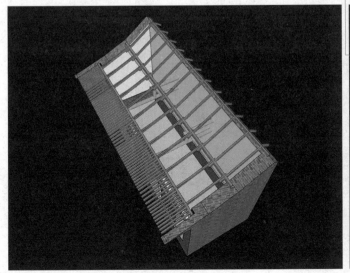

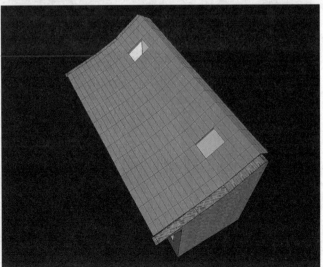

随后在保温材料上，用传统工艺将麦秸混入黏土层，再覆瓦，这样做大大减轻了整个屋顶的重量，对老房子的结构不再产生过多的压力。同时，这些材料的耐久性也高于传统材料，这样，整座房子在非常长的时间内都不需要再做大的翻修和保养，未来的维护成本大大降低。

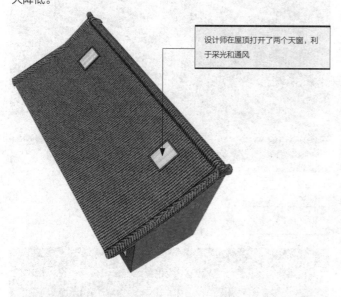

设计师在屋顶打开了两个天窗，利于采光和通风

6. 增加卫生间

1）上房姐姐的卫生间

最大的长姐已经 80 岁了，她希望此次改造能在房间内增加一个卫生间。上房虽然看起来宽敞，但由于近 1m 宽通道的挤占，姐姐的房间实际只有 2.8m 宽，呈细长条形状，无论是通风、采光都非常困难。保留通道，单独的卫生间势必占据一面墙，不仅室内无法通风，连卧室和休息区都无法正常使用。

经过和弟弟沟通，弟弟表示愿意将堂屋作为全家孩子的公共图书馆，并将堂屋的后半部分让出来给姐姐做卫生间，圆姐姐一个回老房子养老的梦；最后设计师决定，在上房增加两个卫生间。

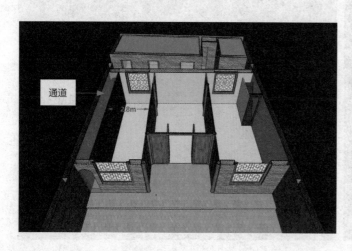

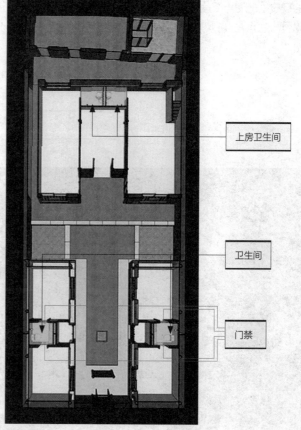

上房卫生间

卫生间

门禁

2）厦房的卫生间

东西厦房也各自安装了卫生间，为了使用方便的同时兼顾私密性，设计师特意设计了双门禁系统。

洗手间为两家共用，可以两边开门，门口装有门禁系统，两户各有一张门卡。一人刷卡进入后，另一边门外再刷卡，门都不会开。只有里面的人从里面摁下开关，门才会开。

要改造的院子

7. 增设下水管道

增设卫生间后，排污的问题成为横亘在整个工程面前的一个巨大难题。

原来，老院子原本是三进院子中的最后一进，地势最高，古建筑原有的排水沟都是自然向北面倾斜。如果要利用地势向外铺设排污管，就要穿过前面近100m的邻居房屋和走道，才能到达东木头市的路口。可这个方案，因为路口没有市政管网的接口，只能搁浅。

第二个方案，是接入房子东侧部分邻居的下水管道。但这个方案也遭到了拒绝，因为目前邻居的管道排水能力，无法再承受整个院子排污管道的接入。

要改造的院子

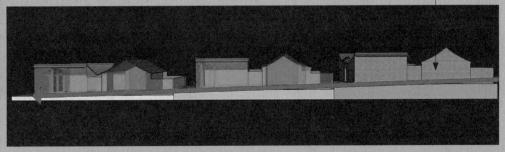

老院子原有排水示意图

第三个方案：

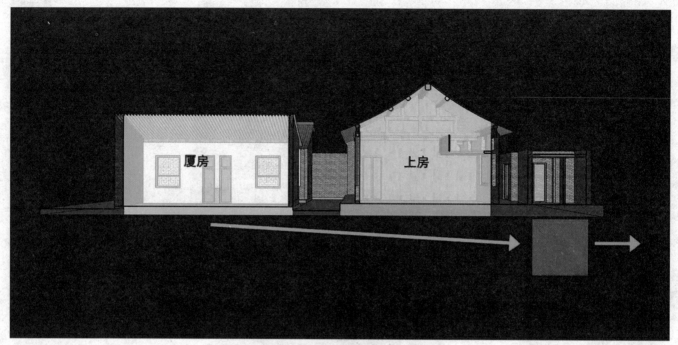

最后选定的方案，是放弃地势坡度，将整个院子的排污系统接入后院的排污管。但厦房的地坪高度略低于上房的地坪，施工队为了设置合理坡度，只能向后越挖越深，尽量达到排污所需的坡度，并加装了一台排污泵，避免因管道堵塞而发生倒流的危险。

8. 解决供暖与保温

在供暖方面，设计师特别选用了利用空气能作为热源的地暖系统，分别在每个房间进行了铺设。空气能热泵具有高效节能的特点，制造相同的热水量，消耗能源的成本仅为电热水器的1/4，燃气热水器的1/3。压缩机可以变频工作，也就意味着冬季每个房间都可以获得单独供暖和热水。

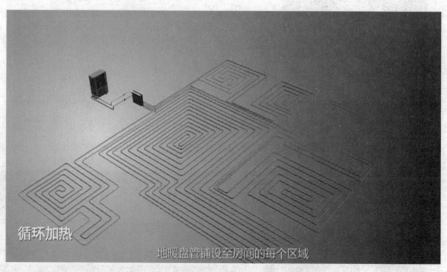

在保温方面，设计师也做足了功夫，不仅在屋面使用了进口反射膜作为保温材料，也在室内加装了新的门窗。这种用特殊改性重组木制造的门窗，不仅风格和古建筑非常统一，而且避免了金属的热传导，保温性能高出普通铝合金窗近50%。

改性重组木制造的门窗

9. 手工修复老房风貌

为了保持老房子原有的风貌，施工队特意寻找了花纹匹配的花砖、滴水与瓦片，更换掉较为残破的部分。而老房子的所有花格和雕花门窗，以及之前留下的几件已经残破的老家具，都由手工清洗并刮除上面残存的旧漆和污垢，加固之后涂以木油，修旧如旧。

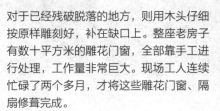

对于已经残破脱落的地方，则用木头仔细按原样雕刻好，补在缺口上。整座老房子有数十平方米的雕花门窗，全部靠手工进行处理，工作量非常巨大。现场工人连续忙碌了两个多月，才将这些雕花门窗、隔扇修葺完成。

◯ 改造
成果分享

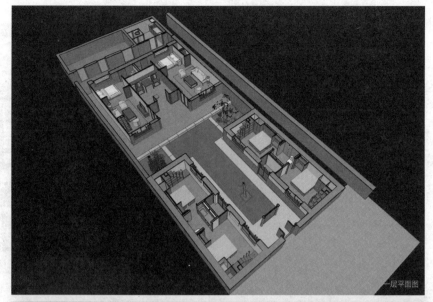

一层平面图

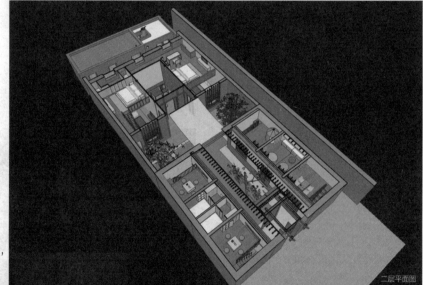

二层平面图

1. 院子

一百四十多年的老院落，焕发出新的生机，园中五十多岁的石榴树已硕果累累。经过重新铺设的院落，显得宽敞明亮、大气古朴。

古老的大门经过修复，透出深深的历史感

家中的老门窗经过修复继续保留，处处留有回忆的印记。

在保护古建的同时，设计师为这座百年老宅添加了一些新的功能，院子上方的电动遮阳帘在遮阳的同时，还可以保护居住者的私密性。

考虑到老年人的安全问题，宅子院墙上安装了监控录像和红外线报警装置，并且报警装置连接在居住者的手机上，一旦有人翻墙入院，大家可以第一时间得到提示。

2. 前院东厦房

两侧厦房布局基本一致，各分为南北两间，中间是共用卫生间。

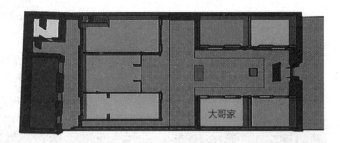

○ 大哥家

底层使用翻床系统，兼具客厅和卧室的功能。

翻床

东侧厢房楼上分隔为两间，是留给子女和孙辈的卧室。

大哥家二楼

东厢房屋顶新加的天窗

○ 改造前后对比

改造前

改造后

○ 二哥家

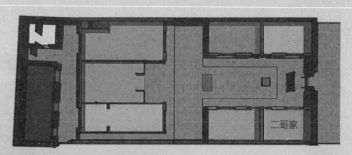

二哥家

下翻房

二哥家二楼

二哥家二楼

○ 改造前后对比

改造前

改造后

3. 前院西厦房

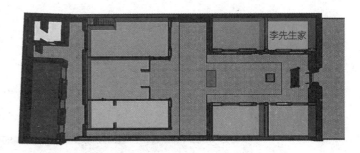

○ 李先生家　　　翻床　　　○ 四弟家

（厨房）　　　（弟弟）　　　（四子）　　　（三子）

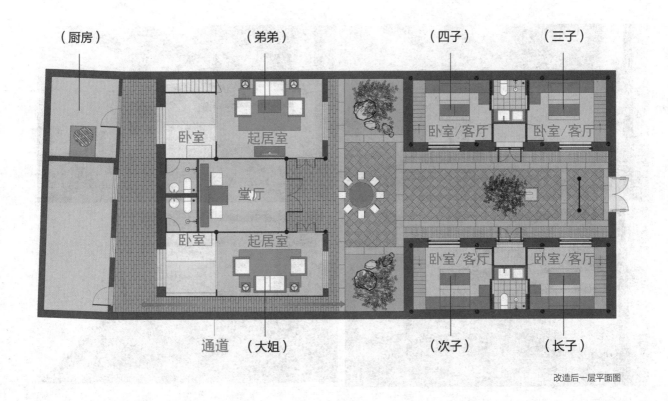

通道　（大姐）　　　（次子）　（长子）

改造后一层平面图

3. 西厦房二楼

西侧厦房的上层则全部打通，成为全家第三代小朋友们的游戏室和图书馆。

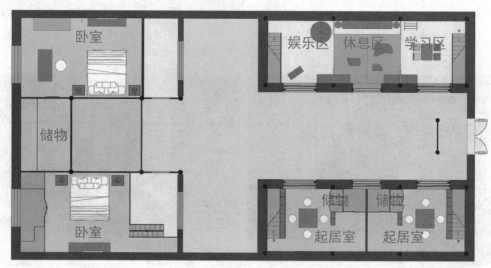

改造后二层平面图

西厦房二楼软装完成效果

这里是全家小朋友的乐园

布帘隔出三个空间，拉开布帘，是一个打通的大房

西厦房二楼硬装完成效果

4. 上房

上房整体的雕花被用心修复，整体端庄而大气，传递着整个家族的历史回忆。正中的堂屋被留作家中重大活动的场所，既古朴又肃穆。

5. 弟弟的房间

上房房间入口，改在堂屋外的两侧，居住不会相互影响。姐姐
和弟弟的房间，都加装了修复后的暖阁。

特别增设的卫生间，方便老人使用。

弟弟家二楼硬装效果

通往二楼的楼梯

二楼房间的增加，为子女回家照顾老人提供了便利。

 改造前后对比

改造前

改造后

6. 姐姐的房间

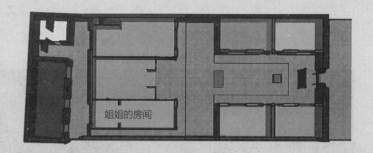

姐姐的房间

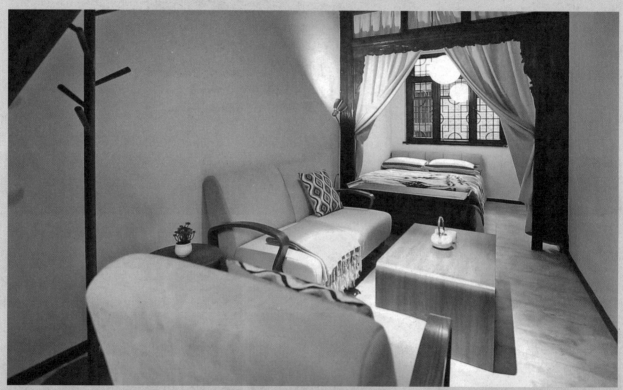

二楼房间

二楼房间

7. 厨房

保留大树，特意为大树设计的天井，给厨房增添自然的采光

可变形大餐桌，方便家庭聚会

厨房内增加的公共洗手间

○ 设计师个人资料

仲松　独立艺术家　著名设计师

1999年毕业于中央美术学院雕塑系。毕业后创办了北京仲松建筑景观设计顾问有限公司，从事于建筑、室内、公共艺术、景观、产品等诸多设计领域。仲松从不把自己局限为普通意义上的设计者角色，虽然他的工作成果大多体现在设计上，但他更专注于立足中国传统文化的根基，成为探索当代中国生活美学与生活方式的实践者。经过多年沉淀，于2010年正式创立"万物"与"天物"两个生活家居品牌，倡导传统核心价值向当代精神转换的"致中和"的新生活方式。

我们希望将保留与出新结合，顺其自然地使用老的东西。我们重视设计的尺度把握，很多设计需要做的是优化而不是异化，美的东西应留给使用者亲自决定，不希望设计给使用者带来差距感。

仲松

胡同尽头的家

25平方米天梯房变景观别墅，一堵墙难倒明星御用设计师

○ 房屋情况

- 地点：北京
- 房屋情况：四合院内 25 平方米二层小屋，楼下是 16 平方米左右的一室一厅，二楼是 6 平方米的自建小屋，老房房龄不详
- 业主情况：委托人张老先生、老伴儿、出嫁的女儿
- 业主请求：改善现有居住情况，女儿回家有地方住
- 设计师：孟也

改造总预算：37.8 万元			
硬装花费	钢结构：7.3 万元		35.9 万元
	人工费：9.1 万元		
	材料费：11.3 万元		
软装花费	1.9 万元		
其他花费	（公共区域的改造花费由节目组承担）		

委托人张老爷子生活在北京的一处四合院里，楼下是狭窄的一室一厅，二楼是一间自建的小屋，通往二楼的是一架 90°的木梯。心疼女儿的老两口在女儿出嫁前，让女儿住在楼下，自己住楼上小屋。女儿出嫁后，老两口住到了楼下。但每次女儿回家，老两口都会早早地爬着 90°的梯子，把自己的床铺搬到阁楼上，把一楼的主卧留给女儿。

懂事的女儿为了让父母不再爬梯子上下，每次回家都不留宿。让女儿常回家看看，回家能有地方住宿，是张老爷子最大的心愿。

⦿ 房屋状况说明

1. 房屋为多年来累次临建搭建而成，布局、动线诸多不便

张家的房子是一个位于胡同尽头的二层小屋，进门后一楼依次是：厨房、天井、起居室、卧室、配菜间兼浴室。通过院里的 90°的木梯上去，经二楼的露天平台，是一间老爷子自己搭建的小屋。

张老爷子爬梯子上楼

一楼院子

二楼平台

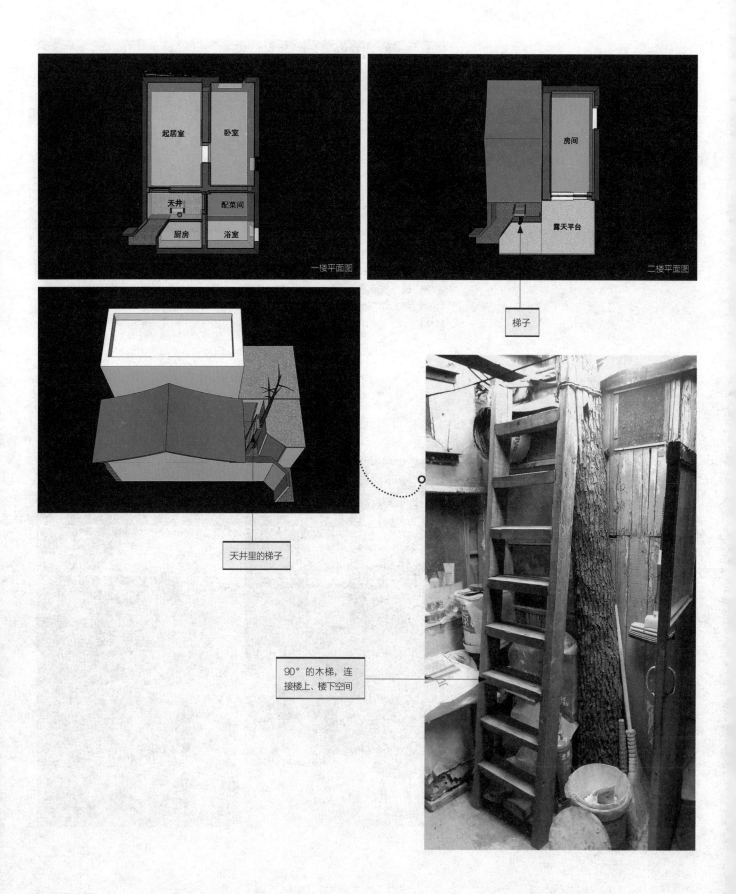

起居室
卧室
天井
配菜间
厨房
浴室

一楼平面图

房间
露天平台

二楼平面图

梯子

天井里的梯子

90°的木梯，连
接楼上、楼下空间

2. 一楼卧室，通风、采光皆不便

窗外是一堵墙，墙外是簋街上的饭馆，常年油烟的熏染，使得纱窗上有大量的油烟，不适合通风。也因为这堵墙，白天屋内如果不开灯的话，就会特别黑。

一楼卧室窗户

一楼卧室

客厅的背后还有两堵墙，已经和客厅的墙粘在一起了。这堵废墙也直接导致了客厅没有采光窗户，下雨的时候，还会导致张家房根儿积水，墙上必须贴上瓷砖来防潮。

委托人家的墙

两堵废墙阻隔客厅采光

饭店的墙阻隔卧室采光

3. 墙体多为自建，稳固性不高

张家的房子是由大杂院的厢房和私房相拼而成，客厅原来是整个院子东厢房的四分之一，而张家的房间是几十年间，相继搭建出来的私房。这样导致了张家的客厅与卧室之间的墙体是原来东厢房的外墙，所以比一般的墙体要更厚。

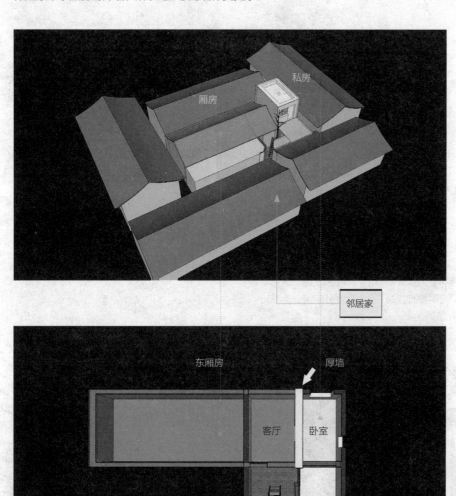

张家一层平面图

4. 厨房、配菜间兼淋浴间空间狭小，使用不便

2平方米的配菜间兼淋浴间，煤气罐也放在这里，否则冬天太冷，煤气无法使用。

1.5平方米的厨房

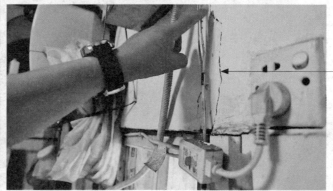

拥挤的配菜间

配菜间兼淋浴间墙体已经出现裂缝

5. 上下楼通行不便

通往二楼阁楼的是一架垂直90°的露天木梯，年迈的老两口上下非常不便，雨雪天气更是危险。

七十多岁的张老先生靠梯子上下，很不安全

通过梯子，爬上屋顶

梯子在屋顶的出口

6. 二层为临建房屋

二楼小屋就在一楼卧室楼上的位置，是张老爷子自己
搭建的，没有保温和隔热处理，屋顶有坡度，下雨的
时候，方便屋顶排水，但排出的水正好流到一楼两堵
废墙的位置，容易造成积水。

二楼小屋，只有6平方米

一楼屋顶平台上，张老先生养了不少花草

⊙ 老房体检报告

困扰业主的主要问题：

采光不足	●●●●○	屋外两堵废墙，挡住了一楼卧室、客厅的采光，以至于白天都要开灯照明。
排水不畅	●●●●●	没有排水设施，加上两堵废墙加剧积水，导致屋内墙体返潮，墙皮脱落。
上下楼不便	●●●●●	到二楼只能依靠天井里一架垂直的木梯，家有年迈老人，很不安全。
墙体不牢固	●●●○○	张家一楼部分区域和二楼小屋都是后期搭建出来的，存在不安全因素。

业主希望解决的问题：

1. 方便的楼梯。
2. 流畅的排水。
3. 卧室方便女儿留宿。
4. 改善采光。

⊙ 沟通与协调

沟通后的设计师建议：

1. 拆除废墙

设计师认为这个房子最大的问题就是潮湿，而潮湿的主要原因就在于房子背后的这堵废墙。经过现场勘查，设计师发现两堵令人头疼的废墙与客厅的外墙已经完全黏合，如果单独拆除废墙既无法操作又无法搬运，而客厅与卧室之间的厚墙完全由碎砖和木方构成。

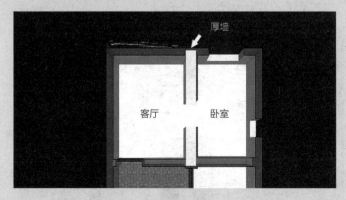

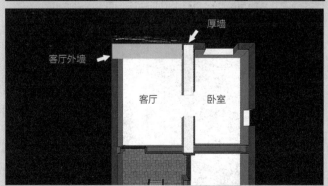

如果强行拆除废墙，可能会同时影响客厅的外墙和卧室的厚墙，这样整个房子的结构稳定性将出现问题。针对这样的情况，设计师做出了一个大胆的决定：对现有的房屋结构用木方进行加固，在确保结构安全的情况下把废墙、客厅粘连的外墙、客厅与卧室间的厚墙、多年来临时加盖的不稳定的墙全部拆除。

拆完墙体后，设计师更加坚信自己的决定是正确的，因为剔除掉外墙后发现，里面的墙体已经全部酥掉了，如果继续使用，会有很大的安全隐患。

2. 利用钢结构加固所有墙体

排除了所有墙体的安全隐患后，设计师开始对客厅的屋顶进行检查和修缮。在打开天花板之后，设计师发现房顶木制的梁已经腐烂不堪。看来用木方加固只是权宜之计，要给张家打造一个真正安全无忧的房子，必须用钢结构对整个房屋重新加固。

木梁已经朽烂

原来的墙体全部用钢结构进行加固和砌筑

3. 改善采光

拆除了房子所有的老墙，在保持老屋原有结构不变的情况下，设计师把客厅的墙壁往西缩了 50cm，留出了一个采光天井的位置，同时在客厅使用落地玻璃进行隔断。因为东侧卧室的窗户正对饭馆，平时油烟问题严重。所以设计师索性封掉了卧室朝东的窗户，改为在北侧开窗来改善采光问题。布局的改变可以极大地改善整个一楼的采光环境。

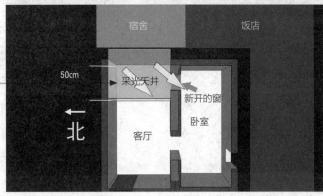

老墙位置、落地玻璃隔断位置

这样对布局的改变，既了通风、采光，也给卧室增加了一个朝向天井的景观面

在一楼进门处采光的问题上，设计师设置了天窗和玻璃拉门。

玻璃拉门和天窗

一楼进门处

为了同时保证业主的采光和隐私，设计师在移门上都安装了调光玻璃，有透明和雾化两种模式。天窗也安有遮阳伞。

在门内看到的大门玻璃的透明模式

在门内看到的大门玻璃的雾化模式

在二楼的采光问题上，设计师为了兼顾业主和邻居的私密性，采用了开顶窗的方式。

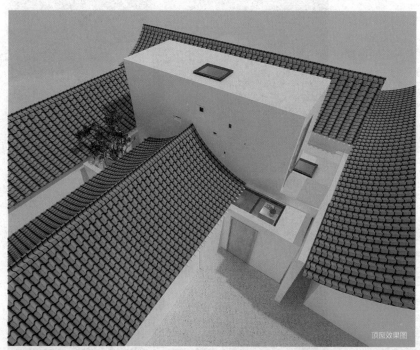

顶窗效果图

顶窗使得一楼、二楼都可享受到光线。

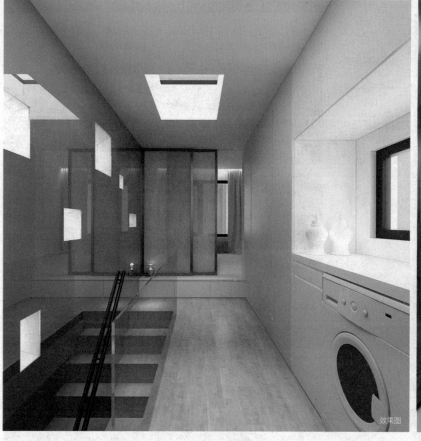

效果图

4. 储物柜做楼梯

张家原有的楼梯是一架露天的木梯，呈垂直状态，对于七十多岁的张老先生来说，上下楼非常不便。为此设计师把楼梯移到了屋内，坡度放缓。考虑到张家空间有限，为了最大程度地储物，设计师在楼梯的设计上花了更多的心思。

在以往的设计中，经常看到利用楼梯下面空间来做储物空间，这次的设计中，设计师别出心裁地使用不同高度的柜子做楼梯。

普通的楼梯，都会使用双道的龙骨加踏步的方式，楼梯下面可以利用的空间会变小，用柜子做楼梯，可以增大储物空间。为了安全起见，柜子的板材都是特别加厚的，平常柜子的板材厚度为18mm，这些楼梯柜板材的厚度都是25mm。

效果图

楼梯柜子的拉篮

可掀开

用柜子做楼梯，通行、储物两不误。设计师在所有的橱柜里，都设置了储物功能的金属拉篮。每隔一个台阶，踏步板都可以掀开，用于储物。

137

5. 新型楼板的运用

不仅结构上设计师选用了更为坚固和牢靠的
工字钢，楼板的选择上，设计师也运用了混
凝土加钢板的现浇楼板。

钢结构搭建

现浇混凝土楼板

6. 保温、防潮

钢结构的框架搭建完毕，每一根钢柱和
墙面之间都留出了缝隙。因为这样才不
会借助原有邻居的外墙，不论今后房屋
结构的变化和沉降等，张家和邻居家都
会互不影响。

10cm 的空隙中，填充了
保温材料，增加了房屋的
保温、防潮性能

同时在二楼的外立面，设计师也加设了水泥
和防水涂料，并特意加设了沥青防水层，彻
底解决了水汽渗入房子的问题。

邻居家的外墙

加防水涂料

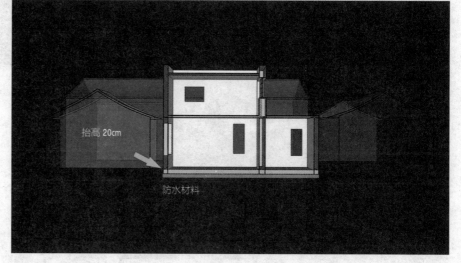

抬高 20cm

防水材料

为了确保防水万无一失，设计师在重做地
面时，涂上了防水材料，并把整个地坪抬
高了 20cm，与原本潮湿的地表之间留出空
隙，这样地面潮湿的问题得到彻底地解决。

7. 改善布局

房子的结构加固完成后，新房子的布局也已经初步成形。原来的客厅位置还是客厅，但是增加了通风采光和内院，原来老人房的位置也没有太大的变动，因为原来的位置比较安静，且在新格局中邻着内院。有变化的是厨房和进门的位置，进门有个小门廊，作为和邻居家的区分。楼梯的位置和上楼的方式发生了改变，楼梯改在了室内，雨雪天气也不用担心了。

一楼新格局

一楼旧格局

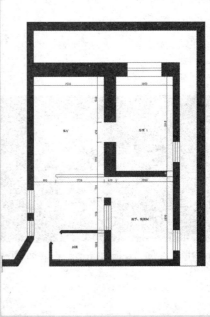

楼上原来的简易房，改成了比较安全的室内空间，设计师利用原来的屋顶还为老人做了一个很舒适的平台，便于老人在这里喝茶、养花。

二楼新格局

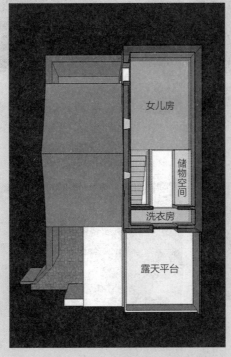

二楼旧格局

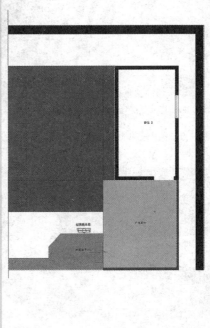

139

8. 重新布局排水系统

因为张家南侧和东侧邻居房屋较高，屋顶的雨水都排往张家的方向。张家所有的排水基本靠一个半废弃的排水井，根本无法满足排水的需求，导致每到雨雪天气，房屋四周都会积水，对房子造成很大的侵害。

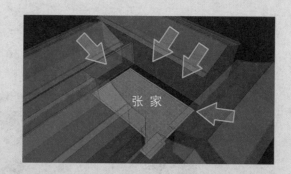

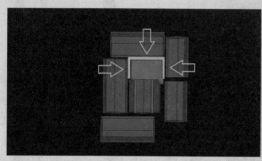

为了解决排水问题，按照设计师的计划，施工人员沿着张家挖了一圈排水天沟

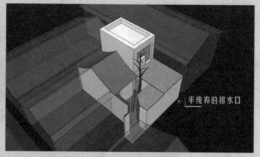

汇集起来的雨水排到哪里呢？经过反复论证和寻找，设计师决定改造张家门外这个半废弃的排水口

这个排水口直径只有 110mm，没法满足排水的需要

天沟的水通过直径 200mm 的管道排到门外排水口

门外排水口直径由原来的 110mm 改为 350mm，增加排水能力

管道安好后，正好赶上了一场连续几天的降雨，实践证明，排水系统非常完善

9. 改善全院的排水系统

考虑到整个院子都被雨天积水的问题困扰着，为了感谢邻居们对改造项目的默默支持，在征得邻居同意后，设计师决定在 8 小时内，连夜对院子里的排水系统进行彻底改造，把每户人家的排水管都接到一条扩大了的总管上。经过完全重做全院的排水系统，下雨天，院子里就再也不会积水了。

院内原有的排水口，不能满足排水需求，还时常需要清掏，非常不便

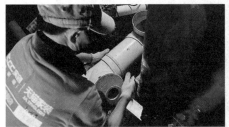  

添加大管径的主管道　　　　　　　把每户人家的排水管接到主管道上　　　　　地面用防滑的火烧石重新铺装，避免行人滑倒

○　暖心设计

张家以前的枣树，和张家人一起走过了大半辈子，承载了一家人的感情。虽然树死了，但设计师也在新家的设计中保留了关于树的记忆。

老树比张老先生还大三岁

树干被做成了桌腿，放在改造后二楼的露台上

◉ 改造成果分享

1. 一楼门口

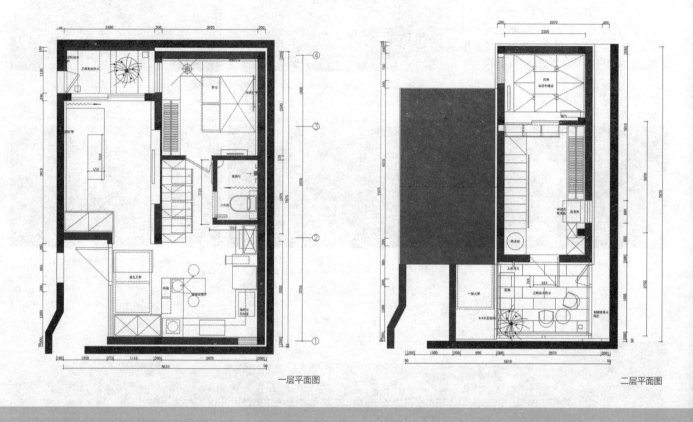

一层平面图

二层平面图

设计师采用白色作为建筑外立面的主色调，配以木色，使整个房子显得轻盈而简约。

以前用来上下楼的梯子做成了花架

进门处玻璃天窗的设计充分保证了室内的采光。用调光玻璃做成的门，不仅在白天保证了室内的通透，在夜晚也可以保证一家人的私密性。

一楼进门处天窗

电动遮阳帘可以遮挡顶窗，保护业主的隐私

一楼大门

○ 改造前后对比

改造前

改造后

2. 厨房

半开放式的厨房空间，增大了台面的面积。墙角留出的透光窗也保证了这个区域的采光。

桌板可以拉起来作为餐桌

⦿ 改造前后对比

3. 起居室

整体打开的老屋屋顶，使得起居室的空间
显得通透而大气。顶上露出的木梁精巧地
点出了老房子的沧桑感和历史感。

可以藏起来的凳子，
兼有收纳功能

沙发、茶几都有强大的收纳功能

茶几还能升高、扩大，可
容纳六七个人就餐、聚会

起居室内侧的小天井，引入了自然采光，新栽上的一颗红枫树也成了房子里一处赏心悦目的景观。

○ 改造前后对比

4. 一楼卧室

一楼内侧的卧室，设置了一张为老两口量身定制的床，也为他们提供了足够的储物空间。墙角增设的窗户，将阳光从内天井中引入，保证了室内的采光。

床体打开前

床体打开后

○ 改造前后对比

改造前

改造后

5. 新增设的卫生间，为一家人提供了淋浴和如厕的可能性

卫生间

因为老房子无法解决排污问题，设计师安装了这个特殊的马桶，可以脚踩换垃圾袋。每次方便后，踩下机关，垃圾袋自动密封后脱落到下面的存储位置，同时自动更换新的垃圾袋。在不清理存储空间的情况下，可以连续使用40次。

⭕ 改造前后对比

改造前

改造后

6. 楼梯

室内由多个不同柜子组合而成的楼梯，不仅方便了老人上下通行，更是提供了各种超大容量的储物空间。

⭕ 改造前后对比

改造后

7. 二楼小屋

沿楼梯上到二楼空间，首先看到的是大排的柜子和洗衣机。

洗衣机上面墙上开的风窗

二楼的空间做了多重规划，榻榻米的设计使得这个空间既可以成为女儿女婿偶尔回家居住的房间，也可以成为张老爷子喝茶、会友的茶室。

卧室模式

收纳空间

天窗、侧窗的设置为室内带来明亮的采光。

8. 二楼露台

经过围合处理的小阳台，北侧和西侧户外用木材做隔断，既
安全又美观。东侧使用了透光的玻璃，保证一楼区域的采光。

二楼露台，设计师细心地接上了自来水，方便张老先生浇花，
避免了以前提水上楼浇花的情况。

折叠晾衣架

O 改造前后对比

改造前　　　　　　　　　改造后

O 设计师个人资料

孟也

孟也空间创意设计事务所设计总监、渡道国际空间设计（北京）创始人
2014 美国莱斯杂志中国室内设计年度封面人物
2014 金堂奖别墅十佳设计师
2014 北京国际设计周【十二间】公益展特邀设计师
2014 CIDA 中国室内设计大奖居住空间别墅设计奖
2014 第五届中国国际空间环境艺术设计大赛，别墅工程类唯一金奖

我们无法为别人创造幸福，只能以个人专业
营造幸福感。我们无法改变过往，但我们希
望创造未来，给予别人一个美满，抑或一种
欢乐。

孟也

立体式空间改造，
六层空中碉堡变别墅

○ **房屋情况**

- 地点：广州

  房屋情况：六层房不到 60 平方米，一个卫生间，两个淋浴房；

  六口人，三间卧室

- 业主情况：委托人丙哥夫妇、三个孩子、保姆莲姨

- 业主请求：孩子们都有独立的空间、保姆莲姨有自己的卧室、

  大家早起不会再抢卫生间

- 设计师：谢英凯

改造总预算：26.5 万元		
硬装花费	加固费：2.2 万元	20.3 万元
	人工费：8.3 万元	
	材料费：9.8 万元	
软装花费		6.2 万元

委托人丙哥一家，住在老广州最繁忙的街道之一的西华路。虽然房子又破又旧，但亲情带来的欢乐还是充满了这个六口之家。六口人包括丙哥夫妇、儿子、双胞胎女儿和保姆莲姨。随着孩子们的长大，房间已经不够用了，17 岁的哥哥还要和两个 15 岁的妹妹同住一室，非常不便。无奈之下，丙哥打算辞退莲姨，但是莲姨在这个家里已经 10 年了，养大了三个孩子，为丙哥的父亲养老送终，已经和这个家形成了一体，宛如亲人。丙哥的妻子非常反对他的想法。全家希望通过改造拥有方便舒适的居所，同时留住莲姨。

房屋外景

○ 房屋状况说明

丙哥家的房子共有六层，但总面积还不到 60 平方米，第一层只有一个楼梯，第二层为客厅和厨房，第三层是保姆莲姨的房间和一个低矮的储物间，第四层的外侧是一个简易的洗漱台，内侧则是卫生间。第五层是三个孩子的房间，第六层是由原本的天台改建成的房间，外侧是一个简易的淋浴房和阳台，阳台堆满了杂物，内侧则是丙哥夫妇的卧室。

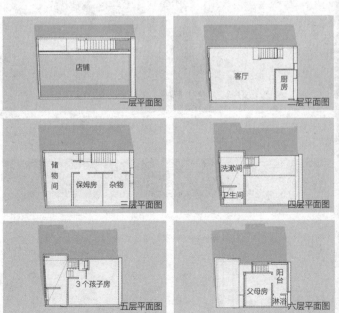

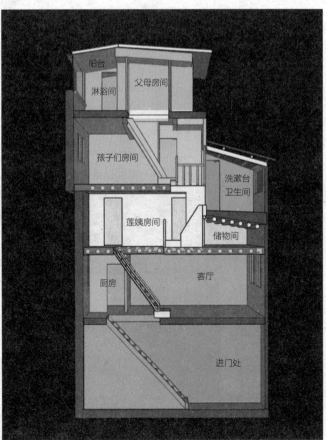

改造前空间分布

1. 楼梯陡峭且占用空间

因为房子本身有六个层面，超过 10m 的高度，楼梯是房子重要的组成部分，也是一家人生活中最大的障碍。家里吃饭，从各个楼层聚到餐厅需要三分钟。而且每个楼梯又陡又窄，上下楼既不方便又危险。房子不大，但楼梯占用了很大的空间，一楼甚至只有一个楼梯，除此之外剩余入户面积只有 2 平方米。

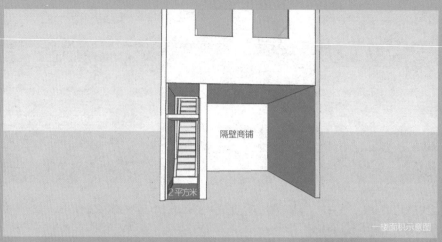

隔壁商铺

2平方米

一楼面积示意图

一楼到二楼楼梯

二楼到三楼楼梯

三楼到四楼的楼梯

四楼到五楼的楼梯

五楼到六楼的楼梯

五楼到六楼坡度为 70° 的楼梯

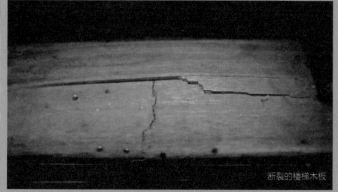

断裂的楼梯木板

2．二楼噪音大、采光差、油烟排放困难

二楼是客厅和厨房。客厅窗户正临着马路，楼下车水马龙，噪音很大。这里除了噪音大之外，采光也很差，即使有窗户，但因为楼层低，光照不进来，白天不开灯的话，屋内几乎什么都看不见。厨房一侧的墙上，只有一个很小的窗户，完全不能采光。厨房油烟排不出去，即使排出去也会返回来，成为全家的烦恼。

窗户对着马路的客厅

厨房采光通风口

3．三楼是保姆莲姨房间和储物空间，采光和通风很差

三楼莲姨房

三楼储物空间

4. 卫生间只有一个，且低矮漏雨

卫生间只有一个，每天早上，孩子要上学、大人要上班，大家都抢着使用卫生间，既拥挤不堪，也耽误时间。

卫生间原本是一个阳台，丙哥把它搭成了一个简易的卫生间，这里房顶低矮漏水，遇到台风天，还必须要加固处理。

从室外看四楼阳台

丙哥自制卫生间

丙哥自制卫生间

需要加固处理的房顶

5. 五楼三个孩子住一间房子，拥挤不便

三个孩子住在一个房间，不仅睡觉相互影响，连做功课也挤在一张桌子上。孩子们已经渐渐长大了，挤在一个房间实在不方便。

双胞胎姐妹的床

哥哥的床垫

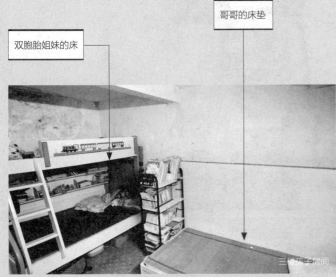

哥哥的床垫收纳在妹妹的床铺下，每晚需要拖出来才能睡觉

6. 六楼丙哥夫妇房间，漏雨严重、噪音很大

六楼本来是一个露台，丙哥把它改造成了卧室，因为紧邻马路且没有隔音设施，噪音非常大；屋顶防水不好，每次外面下大雨，屋内就要下小雨。每到雨天，丙哥都要翻到房顶去清除树叶，防止积水渗水。

7. 储物空间太少

家里六个人，杂物很多，但储物空间太少，物品随处堆放，杂乱无章。

一楼入口处的杂物

三楼走廊处的储物空间

三层子女房内的杂物

⊙ 老房体检报告

困扰业主的主要问题：

问题	评级	说明
孩子缺少独立空间	●●●●●	15 岁的双胞胎姐妹和 17 岁的哥哥住在一个房间，很不方便。
卫生间太少	●●●●●	六层楼只有一个厕所，两个淋浴房。一大早大家常为抢厕所犯愁。
六楼屋顶防水不好	●●●●●	六层屋顶防水不好，女主人戏称"一下雨屋内就可以养金鱼了"，导致室内墙皮大量脱落。
房屋隔音差	●●●●○	因为房屋临街，窗外车流噪音非常大，甚至到凌晨 4 点还能感受窗外川流不息的车辆经过。
通风采光不好	●●●●○	二楼客厅厨房、三楼莲姨房间采光和通风都很差。厨房空间不仅窗口狭小，做个饭还经常油烟倒灌。
储物空间少	●●●●●	家中杂物繁多，需要大量的储物空间。
楼梯太陡太窄，上下非常不方便	●●●●●	六层的高度，上下楼是每天的必经过程，又陡又窄的楼梯使用起来很不方便。

业主希望解决的问题：

1. 每个家庭成员，包括莲姨都有自己的独立空间。
2. 有明亮的采光、良好的通风。
3. 有方便使用的厨卫空间。
4. 屋内不再漏雨。
5. 隔绝噪音。
6. 有方便实用的存储空间。

⊙ 沟通与协调

沟通后的设计师建议：

在整座房子的六层楼面中，一楼大部分被隔壁店面所占据，只有 2 平方米，根本无法使用。二楼、三楼、五楼的采光通风极差，四楼结构脆弱，六楼经常漏雨。最关键的是，要为成长中的三个孩子和莲姨各安排一个独立空间，非常困难。经过反复讨论和修改，设计师确定了改造方案。因为资金紧张，他全部保留了房子六层楼的框架布局，在内部对空间进行调整。

1. 用槽钢加固结构

拆除过程中设计师发现，房屋内的梁是有安全隐患的，有几根梁是
两根木头接起来的，只用铁丝加固了一下，继续使用将非常危险。
和施工人员商议后，设计师决定用槽钢对屋顶结构进行加固。

原来的房梁

用槽钢加固

2. 改变一楼楼梯位置，增加工作室

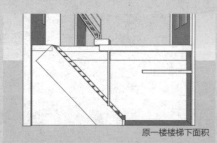
原一楼楼梯下面积

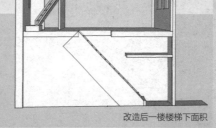
改造后一楼楼梯下面积

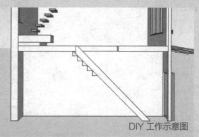
DIY 工作示意图

整个房子的一楼只有一个楼梯宽度，设计师把一楼上二楼的楼梯位
置向前推，加大了楼梯下面的空间，为之前做过木工的丙哥设置了
一个简单的木工 DIY 工作室。

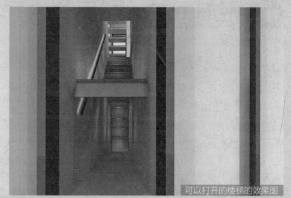
可以打开的楼梯的效果图

3. 二楼楼梯调转方向，增加三楼卫生间；
打开客厅天花板，释放空间

二楼保留客厅、厨房、餐厅的功能，但二楼通往三楼的楼梯却被设计师整个调转了方向。

改造后楼梯方向

楼梯走廊

原楼梯方向

原楼梯走廊空间改造成卫生间

针对原来采光很差、空间压抑的情况，设计师把原来二楼的天花板打开，把客厅两个窗户打通让光线的透入面积扩大。

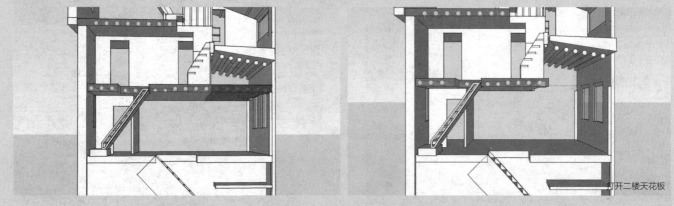

打开二楼天花板

同时，房子的另一面墙上也增加了一个窗户，加强光照，也让空气可以南北对流。

新增加的小窗户

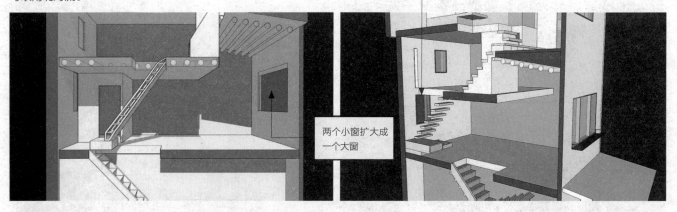

两个小窗扩大成一个大窗

客厅效果图

4. 三楼增加卫生间，增加窗户

丙哥夫妇的卧室，由六楼搬到了三楼。原来楼梯走廊的位置，被改造成了一套功能齐全的卫生间，里面是淋浴间，外面是卫生间，干湿分离。设计师把房间原来的窗户扩大，窗户的大小由根据钢结构的安全性来决定的。

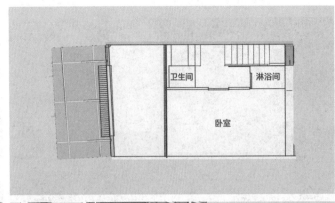

丙哥房间的窗

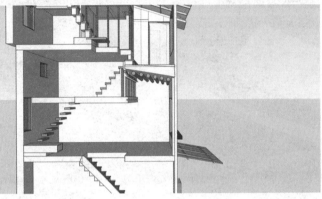

5. 加固四楼结构，改成起居室

四楼是让设计师最头疼的，不仅承重梁有问题，承重墙也破旧不堪。
三面墙只有一面是丙哥家的，另外两面是邻居家的。

邻居家墙面

丙哥家墙面

邻居家墙面

破旧不堪的承重墙

有问题的承重梁

墙面如果随意拆除，不仅自己家的墙面会坍塌，邻居家的墙体也有坍塌的危险。拆掉原有的破旧木梁后，设计师利用钢结构，将原来的四楼和五楼连为一体，保证了结构的稳固性。

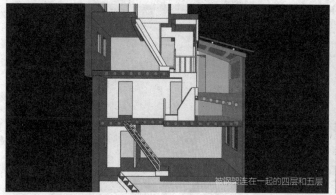

被钢架连在一起的四层和五层

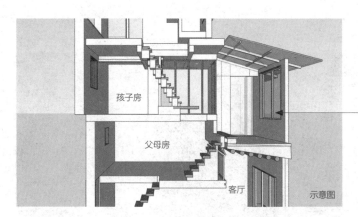

第四层是三、五层的错层，设计师将原窗户扩大，斜屋顶使用 LOW-E 玻璃，为孩子的房间提供了足够的采光和通风。这里被设计成了一个起居室，连接三楼父母房和五楼的子女房，是全家人休闲聚会的地方。

原窗户扩大

效果图

6. 五楼错步式楼梯，男女孩房分隔

原有楼梯末端搭着一根混凝土梁，楼梯第一级上面天花板上也有一根混凝土梁，因为混凝土梁无法拆除，所以楼梯的坡度只能保持在 70°。设计师采用了另外一种方式：错步式楼梯，让楼梯的每个台阶从 250mm 的高度下降到 180mm，从而放缓了楼梯的坡度，更加方便使用。

改造前五楼到六楼楼梯

混凝土梁

楼梯第一级上的天花横梁

错步式楼梯

五层仍保留做子女房，以前的 L 形结构被划分成两部分，中间用墙隔断，男孩房在外面，女孩房在里面。

男孩房和女孩房中间用墙隔断，保证孩子空间的私密性

四层屋顶

女孩房

男孩房

7. 六楼改为功能齐全的保姆房

对于顶楼，设计师将丙哥自己搭的雨棚屋顶拆除，改造成钢结构屋顶加双层隔热材料，即使大夏天也不会闷热。

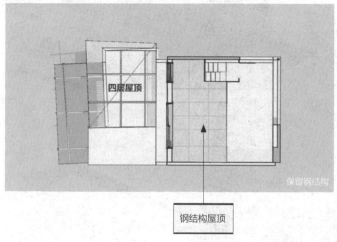

钢结构屋顶

设计师将莲姨的房间设置在了六楼，并对六楼重新做了规划，分为莲姨的卧室、独立卫生间和全家可以共享的半露天阳台。同时洗衣房、晾衣台、工具间都设置在这一层，莲姨工作起来省去了上下奔波之苦，更省时省力。同时这一层也是通风、景观最好的一层，空间相对宽敞，莲姨偶有老乡来探望，也不影响丙哥一家人的生活。

8. 一楼雨棚改成透明的

以前的雨棚是瓦楞板的，现在改成玻璃材质的，光线可以直接照进室内。

改造前的瓦楞板雨棚

改造后的玻璃雨棚

⬤ 改造成果分享

1. 一楼

老木梁做成的门牌，延续着老屋的回忆，古朴而又时尚。

一楼楼梯展示

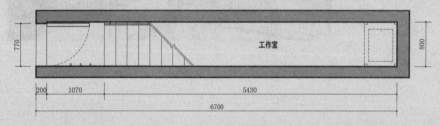

770　　　工作室　　　800

200　1070　　　5430

6700

一楼楼梯隐藏式鞋柜，充分利用了空间。而
楼梯下还藏有另一番天地，楼梯可以打开，
走进来是丙哥的 DIY 工作室。

可以打开的楼梯

工作室内部

○ 改造前后对比

改造前

改造后

2. 二楼

二楼保留了客厅、餐厅的功能，敞开式的厨房让整个空间开阔而通透。

客厅充分改善了采光，色调温暖，是全家人活动的中心

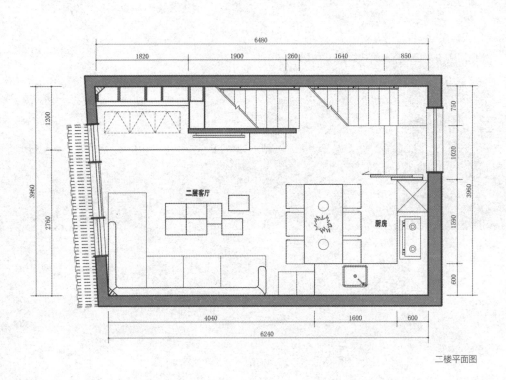

二楼平面图

电视墙为客厅围出一个相对
封闭的空间，也阻挡了上下
楼梯时对客厅中人的打扰

为三层卧室带来采光

客厅

错层的设计，可以为三楼丙哥夫妇卧室带来良好的采光和通风。

茶几可拆分的组合设计，兼具凳子的功能，满足了逢年过节时亲朋
聚会时的使用需求。

巨大的玻璃窗带来良好的采光，设计师特别在这里设计了一个地
台，既可以当座位，又可以储物。

地台挨着的是大面积的展示柜，笔筒、钟和茶壶等家中的老物件，
还有丙哥酿的酒，都被分类放在了展示柜中。

○ 客厅改造前后对比

改造前

改造后

开放式的厨房和餐厅，让一家人的交流更加自由愉快，可开合的玻璃门阻挡了油烟飘进楼上。

餐厅

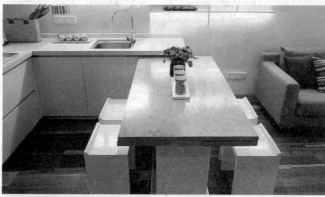

可大可小的餐桌，节省空间。

可大可小的餐桌，节省空间

用小孩子的牙齿做成的装饰画，让有关孩子的记忆永远地保存下来

可开合的玻璃门，阻止油烟飘向其他空间

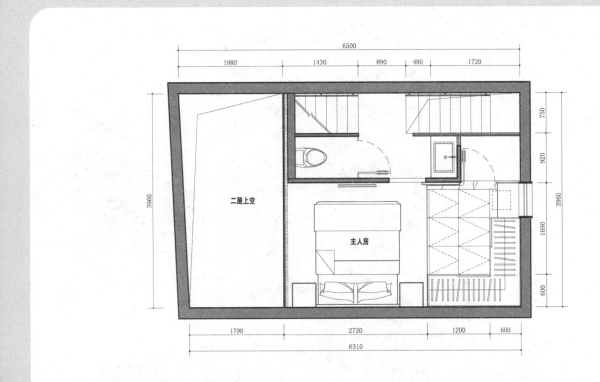

三楼平面图

二楼通往三楼的楼梯特意设计成镂空式，既透光通风，又节省空间。通往三楼的楼梯更改
了方向，三楼利用省下的空间增加了一套卫生间。洗手盆与马桶间放在外面，方便楼下客
厅的人使用；进入浴室则需通过卧室进入，保留了私密性。

设计师将丙哥夫妇的卧室安排在了三楼，展示在墙面上的老算盘，
是丙哥父亲用过的物品，现在成为家族回忆的温馨延续。

卫生间和洗手盆

浴室

与客厅相通的窗户，方便通风和采光

○ 丙哥夫妇房改造前后对比

改造前

改造后

3.　四楼

四楼与五楼作为错层整体打通，空间充分引入了天光，成为连接
丙哥夫妇和三个孩子的空间。

电动窗帘

在阳光房的一侧安排了一个卫生间

○ 四楼起居室改造前后对比

改造前

改造后

4. 五楼

五层分为内外两间，外间是哥哥的卧室，灵活的隔断让这里既有私密性，又可以打开与阳
光房连为一体，成为孩子们的活动区。

女孩房　　　男孩房

哥哥房间的隐藏式床垫节约了空间，满足了床和沙发的双重功能需求。渐变的玻璃墙体保障了晚间休息时的个人隐私。

沙发后面的柜体拉下来，可以变成一张床。

打开隔断可以跟阳光房连为一体

拉上隔断，形成独立卧室

保护隐私

夜间，茶几座椅拼成的简易楼梯，方便哥哥就近使用卫生间

女孩儿房

内间则是双胞胎女儿的空间，榻榻米式的床铺保证了大容量的收纳空间

悬挂式滑轨的隔断，让双胞胎姐妹拥有了可开合的灵活空间

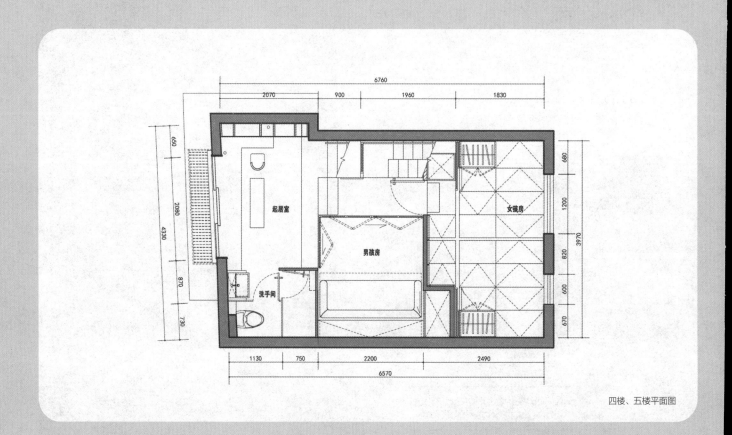

四楼、五楼平面图

5. 六楼

六楼留给莲姨使用，靠近楼梯是一个独立卫生间，内侧则是莲姨的卧室。原来的简陋棚屋被打开成了一个半露天空间，这里不仅是莲姨的工作区，也成为全家一个极为舒适的休闲区。

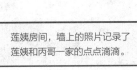

莲姨房间，墙上的照片记录了莲姨和丙哥一家的点点滴滴。

莲姨卧室的隐藏式床垫用时可以拉出来，不用时收回床下即可。既节约了空间，又满足了莲姨孩子平时过来短暂居住的需求。上下两层的床是错位的，床尾留有一条通道，避免上面床上的人起床时打扰到下面床上的人。

六楼卫生间

顶层设置了一个半露天的阳台，成为一家人休闲的好地方

六楼休闲区

设计师改造心得：

户型是常见的二层小楼，但因为后来业主自己进行了改建，隔成了六层阁楼，所以从内部格局来说是比较"吓人"的。多年生活杂物的堆积让家里的可用面积变得非常小，加上孩子长大后需要各自独立的空间，所以第一次去看房子的时候还是被业主生活的现状震撼到。

整个过程中方案改过几次，改方案的原因主要是老建筑结构只有拆开以后才能看到真面目，但是我们需要先做方案再跟施工队定价格，所以拆完后就要在预算范围里再修改。到真的把原来的装修材料卸

下来以后，发现里面有一些梁是有安全隐患的。我们把一部分拆除了，加了很多钢结构。我们在客厅里面做了一个小中空，业主夫妻俩的房间有一个小开窗可以看到客厅，采光可以好一点，还可以通风。另外，我们打开之后发现房子是歪的，不是一个长方形，它的每一个墙角都不是垂直的，所以我们设计了很多平面窗帘和布艺来遮挡。因为预算有限，尽量保留原来的结构，把一些不好用的部分去除掉。

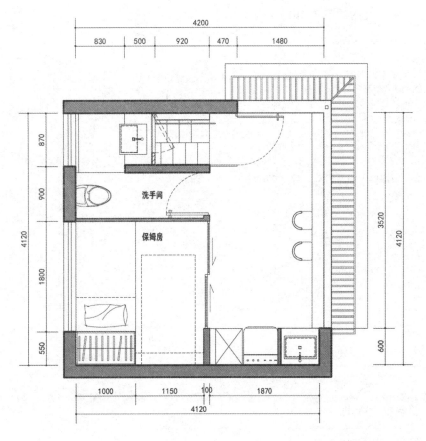

洗手间

保姆房

六楼平面图

○ 设计师个人资料

谢英凯

汤物臣·肯文创意集团 执行董事 / 设计总监
广州大学室内设计系
法国国立工艺学院（CNAM）工程与设计项目管理硕士
法国室内设计协会会员
广州美术学院客座讲师
中国建筑学会室内设计分会第九（广州）专委会执行会长
羊城设计联盟副理事长
中国房地产协会商业地产专委会商业地产研究员
「七 +5」公益设计组织联合创办人
中国建筑学会室内设计分会《中国室内》杂志编委

2015 美国 Best Of Year Awards 冠军奖
2015 日本 Good Design Award 优良设计奖
2015 英国 SBID 设计奖
2015 意大利 A' Design Award 设计大奖
2015 中国台湾 TID 设计大奖
2015 金堂奖 - 年度最佳展览设计奖
2014 英国 Restaurant & Bar Design Awards 设计奖
2014 中国香港 APIDA 设计奖
2013 iC@ward - 金指环全球设计大奖银奖
2012 Hospitality Design Awards 美国酒店空间设计大奖
2012 金堂奖 - 年度公益设计奖

我觉得房子是人们的避风港，所以首先要能给人以安全感，不论在外工作打拼多么辛苦，回到这个港湾，心里就是温暖和安定的；其次建筑室内空间还需要满足人的生活需求，让人不仅仅只是拥有一个房子，而是要在其中实实在在地生活，并且跟这个建筑空间一起共同生长。

谢英凯

图书在版编目（CIP）数据

梦想改造家 . Ⅲ / 梦想改造家栏目组编著 . —— 南京：
江苏凤凰科学技术出版社，2016.9
ISBN 978-7-5537-7124-3

Ⅰ . ①梦⋯ Ⅱ . ①梦⋯ Ⅲ . ①住宅－室内装饰设计
Ⅳ . ① TU241

中国版本图书馆 CIP 数据核字 (2016) 第 199909 号

梦想改造家 Ⅲ

编　　　著	《梦想改造家》栏目组
项 目 策 划	杜玉华
责 任 编 辑	刘屹立
特 约 编 辑	杜玉华

出 版 发 行	凤凰出版传媒股份有限公司
	江苏凤凰科学技术出版社
出版社地址	南京市湖南路1号A楼，邮编：210009
出版社网址	http://www.pspress.cn
总 经 销	天津凤凰空间文化传媒有限公司
总经销网址	http://www.ifengspace.cn
经　　　销	全国新华书店
印　　　刷	上海雅昌艺术印刷有限公司

开　　　本	889 mm×1194 mm　1 / 16
印　　　张	11.5
字　　　数	184 000
版　　　次	2016年9月第1版
印　　　次	2024年4月第2次印刷

| 标 准 书 号 | ISBN　978-7-5537-7124-3 |
| 定　　　价 | 49.80元 |

图书如有印装质量问题，可随时向销售部调换（电话：022-87893668）。